THE BEST EXPRESSION OF ARCHITECTURE III

2011中国建筑与表现年鉴
最建筑表现 III

Culture, Planning and Landscape 文化规划与景观

天潞国际出版集团 策划
肖然 周小又 主编

凤凰出版传媒集团 | 凤凰空间
江苏人民出版社 | IFENGSPACE

图书在版编目(CIP)数据

中国建筑与表现年鉴. 2011. 最建筑表现. 第3辑, 文化景观与规划 / 肖然, 周小又主编. -- 南京 : 江苏人民出版社, 2011.9

ISBN 978-7-214-07281-8

Ⅰ. ①中… Ⅱ. ①肖… ②周… Ⅲ. ①建筑设计－中国－2011－年鉴②景观－环境设计－中国－2011－年鉴 Ⅳ. ①TU206-54②TU986.2-54

中国版本图书馆CIP数据核字(2011)第181023号

2011中国建筑与表现年鉴•文化 规划与景观（最建筑表现） 肖然　周小又　主编

责任编辑：刘焱 岳俊
责任监印：马琳
出　　版：江苏人民出版社（南京湖南路1号A楼 邮编：210009）
发　　行：天津凤凰空间文化传媒有限公司
销售电话：022-87893668
网　　址：http://www.ifengspace.cn
集团地址：凤凰出版传媒集团（南京湖南路1号A楼 邮编：210009）
经　　销：全国新华书店
印　　刷：北京时捷印刷有限公司
开　　本：965mm×1270mm　1/16
印　　张：22
字　　数：175.5千字
版　　次：2011年9月第1版
印　　次：2011年9月第1次印刷
书　　号：ISBN 978-7-214-07281-8
定　　价：268.00元（USD 55.00）

PREFACE 前言

英国作家毛姆曾言：对一个创作者来说，任何个人经验都是有意义的，哪怕你走路经常磕到脚也值得留意。深以为然，就如这套编撰的系列丛书。

一本书的诞生，是一个阵痛的过程，与分娩异曲同工。从组稿到编排，从策划到发行，被时间与琐碎折磨着，但是看到成书，成就感便油然而生，这种痛并快乐着的极致体验，成为了我们分享不尽的快乐源泉，当然也是我们选择继续前行的创作动力。

每每看到漂亮的图像，我们都能在赞叹中体会出线条的生命，晚霞映照下的建筑侧影，恢弘厅堂射出的橘色灯光，无不传达着效果图所要表达的审美情趣。光既幻，捕捉甚难，但偏偏有人就能做到，他们用自己的作品诠释了效果图的意义：记录和虚构结合在一起的目的是为了达到最大的真实。

本丛书并非建筑表现类图书出版的滥觞，但却幸运的被读者认同，这是大家共同的喜悦。为此，我们愿意在总结经验的基础上保持情绪饱满的昂扬基调，愿意坚守一份创作的真诚认真做书，因为只有真诚，才是取得成功的唯一姿态。

The Best Expression
of Architecture III

目录
CONTENTS

The Best Expression of Architecture III

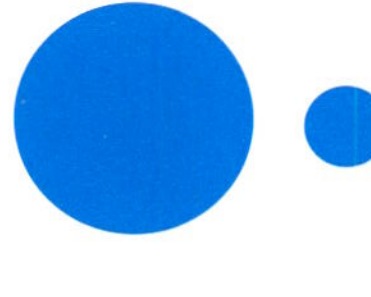

CULTURE PLANNING LANDSCAPE

博物馆
Museum

项目名称：鄂尔多斯博物馆设计方案
绘图单位：西安原田数码设计有限公司
设计单位：中国建筑西北设计研究院有限公司

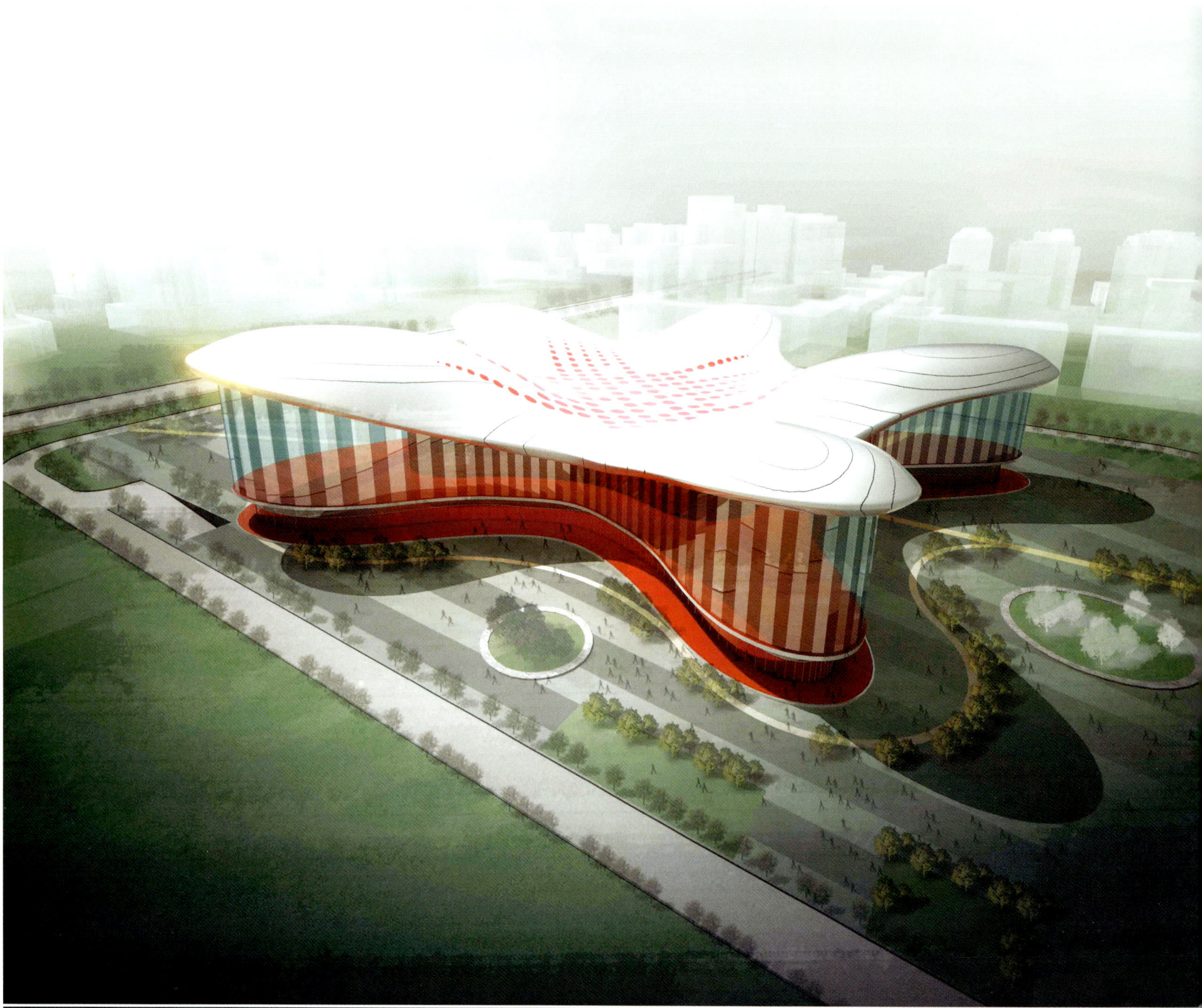

项目名称：鄂尔多斯博物馆
绘图单位：深圳水木
设计单位：中国中建设计院

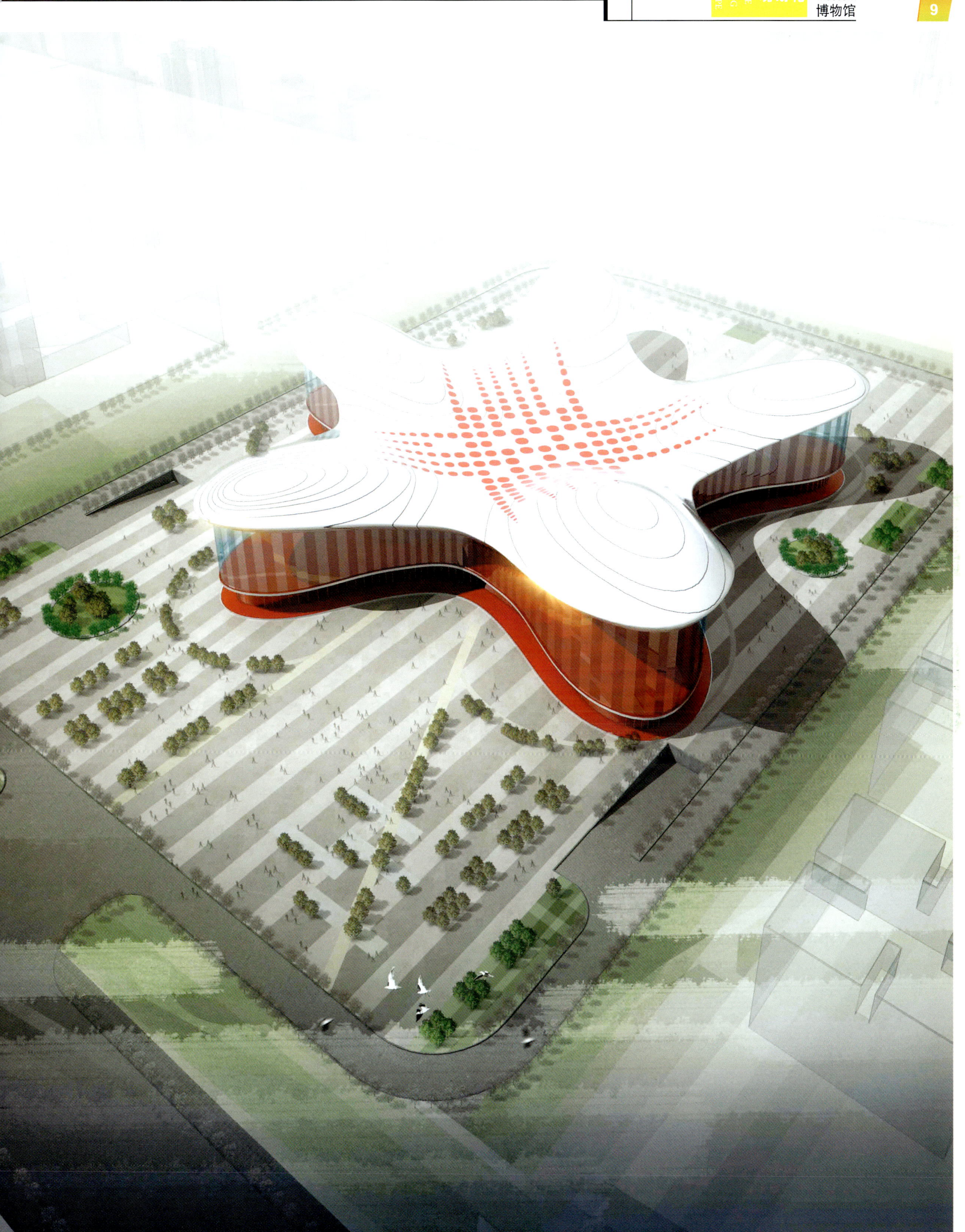

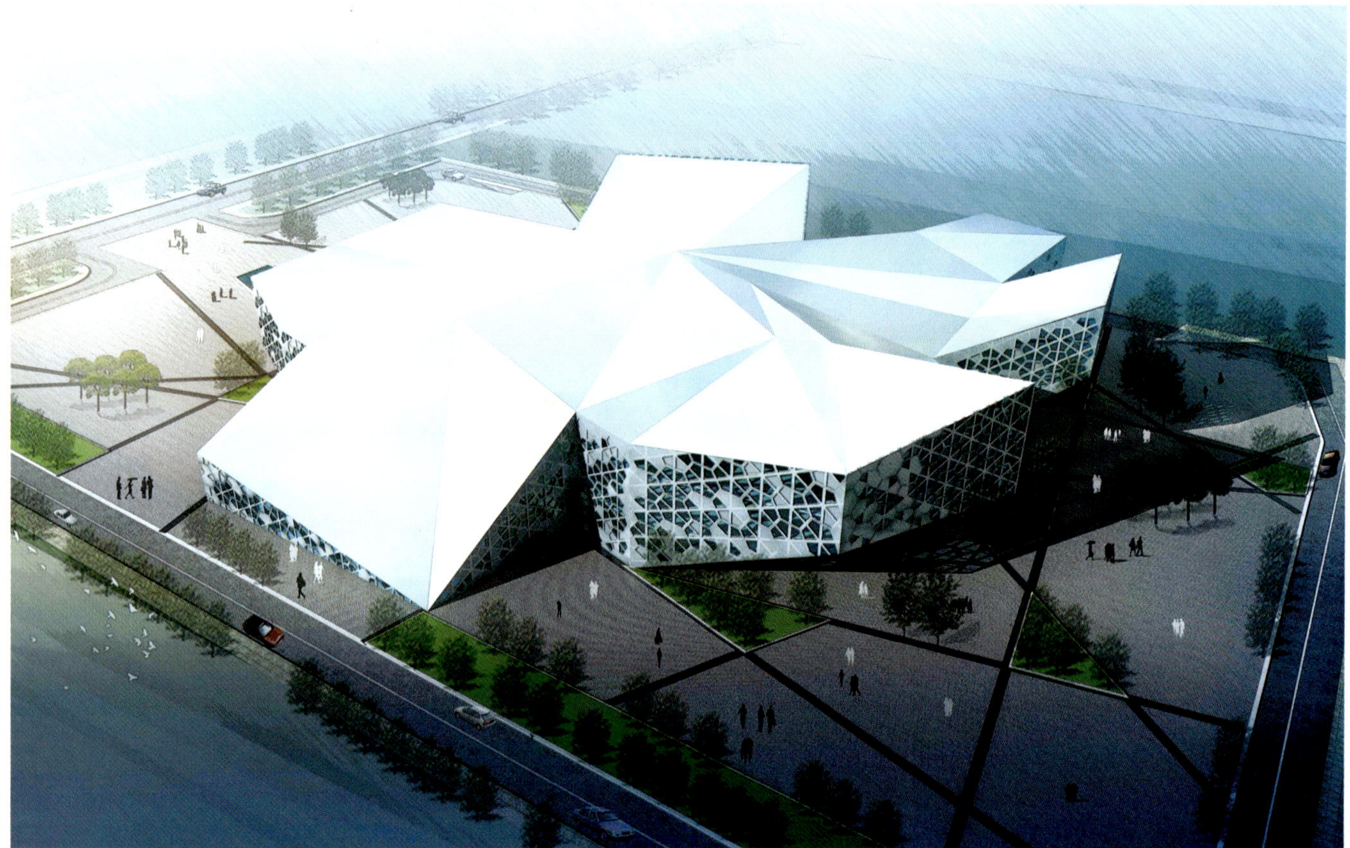

项目名称：鄂尔多斯博物馆
绘图单位：深圳水木
设计单位：中国中建设计院

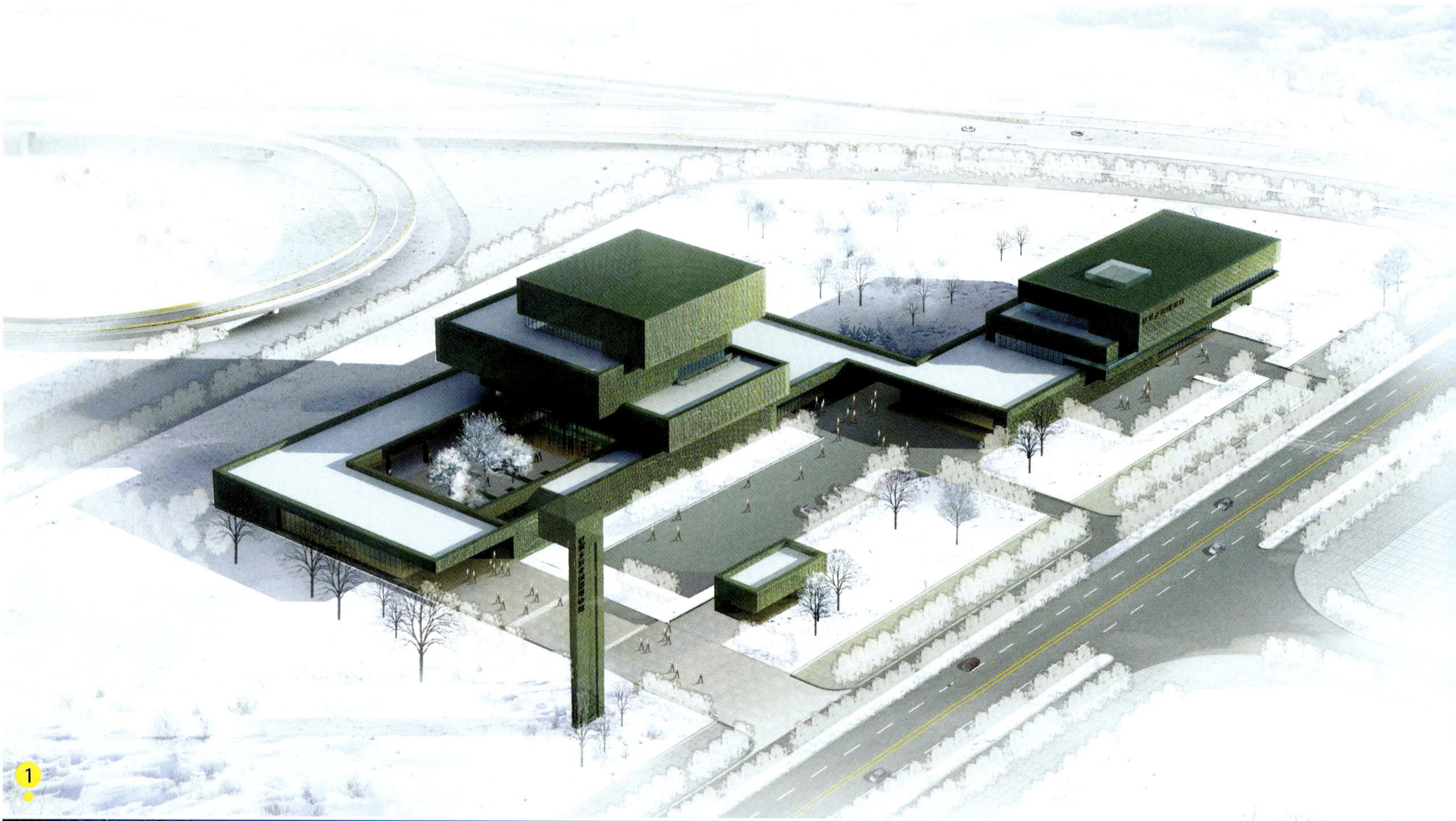

1

1

1 项目名称：鄂尔多斯博物馆设计方案
绘图单位：西安原田数码设计有限公司
设计单位：中国建筑西北设计研究院有限公司

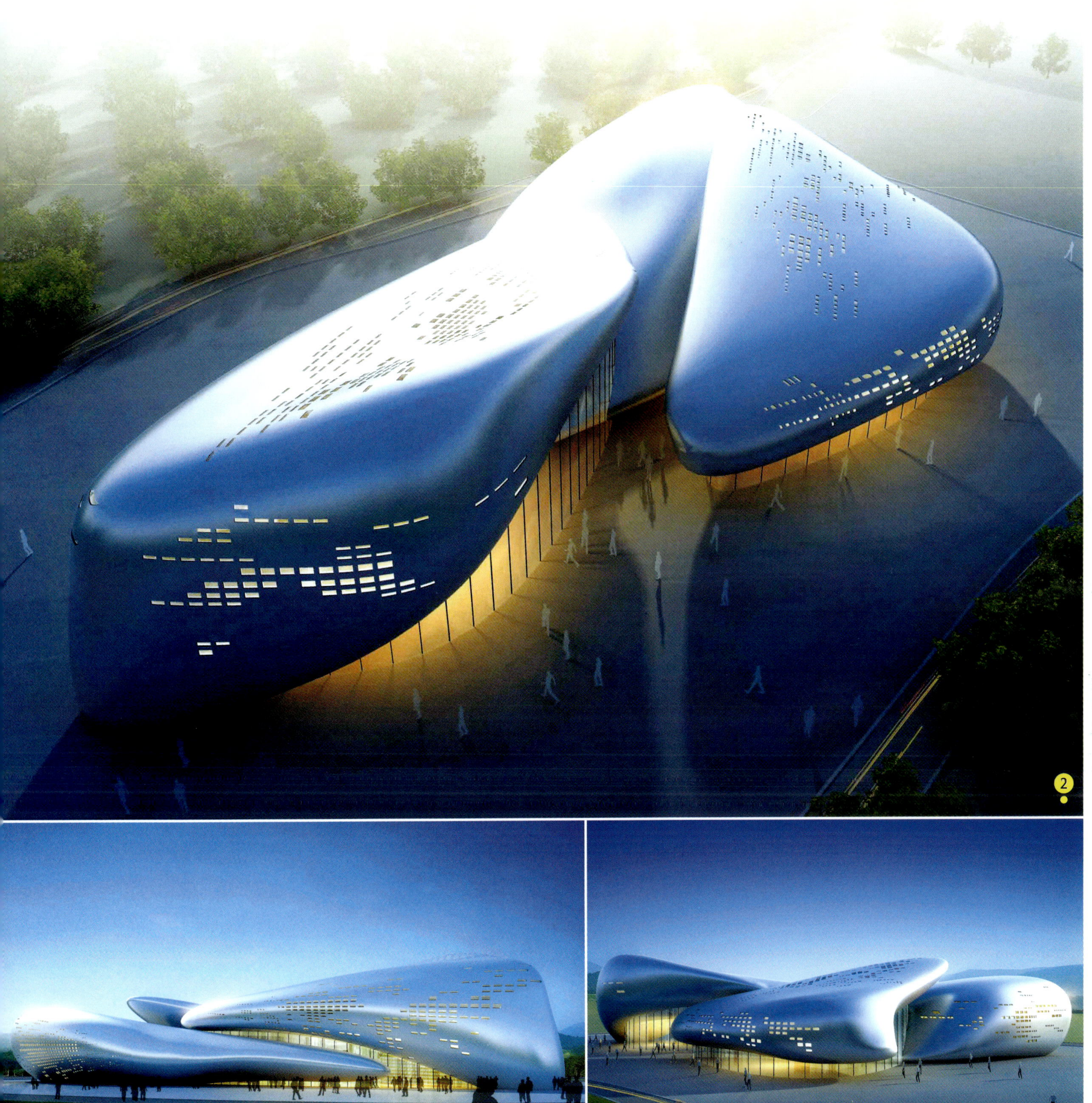

2 项目名称：某项目
绘图单位：北京远古数字科技有限公司

.1 项目名称：扎赉诺尔博物馆
绘图单位：哈尔滨猛犸科技开发有限公司
设计单位：黑龙江省建筑设计研究院

.2 项目名称：通化某项目
绘图单位：上海艺筑图文设计有限公司
设计单位：中联程泰宁建筑设计研究院

2

2

1

2

2

2

3

.1 项目名称：通化某项目
绘图单位：上海艺筑图文设计有限公司
设计单位：杭州中联程泰宁建研院上海院一所

.2 项目名称：通化某项目
绘图单位：上海艺筑图文设计有限公司
设计单位：中联程泰宁建筑设计研究院

.3 项目名称：龙门石窟博物馆
绘图单位：北京龙安华诚建筑设计有限公司

1

1

1

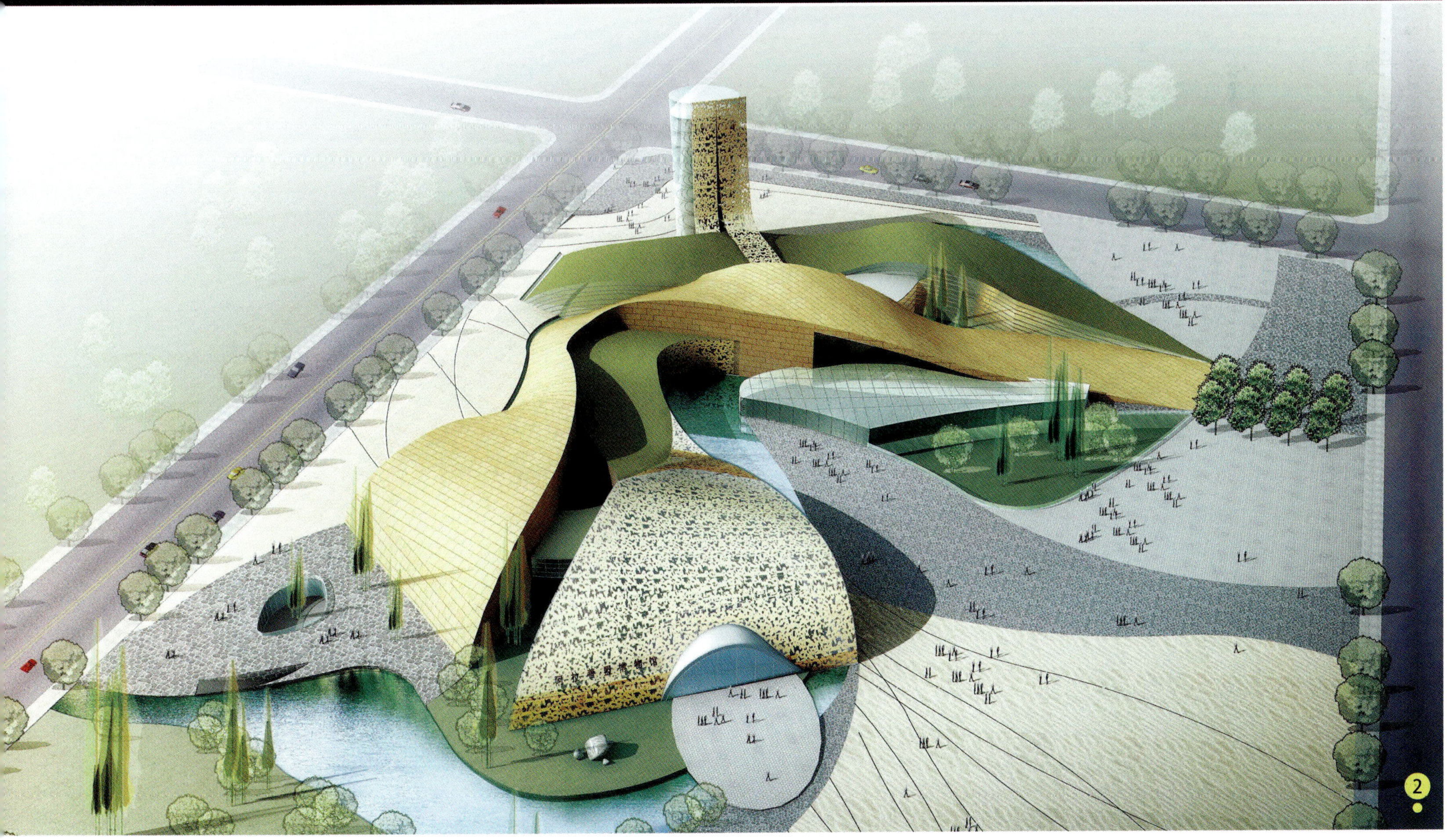

2

.1 项目名称：广西铜鼓博物馆
绘图单位：南宁市皓芬空间设计咨询有限责任公司
设计单位：广西华蓝设计（集团）公司

.2 项目名称：吴工博物馆
绘图单位：大千视觉（北京）数码科技有限公司
设计单位：构易建筑设计有限公司

1

1

1

.1 项目名称：郑州博物馆
绘图单位：深圳市朗形数码影像传播有限公司
设计单位：深圳大学建筑设计研究院

.2 项目名称：博物馆
绘图单位：深圳市朗形数码影像传播有限公司
设计单位：爱普斯顿国际投资项目顾问（深圳）有限公司

1

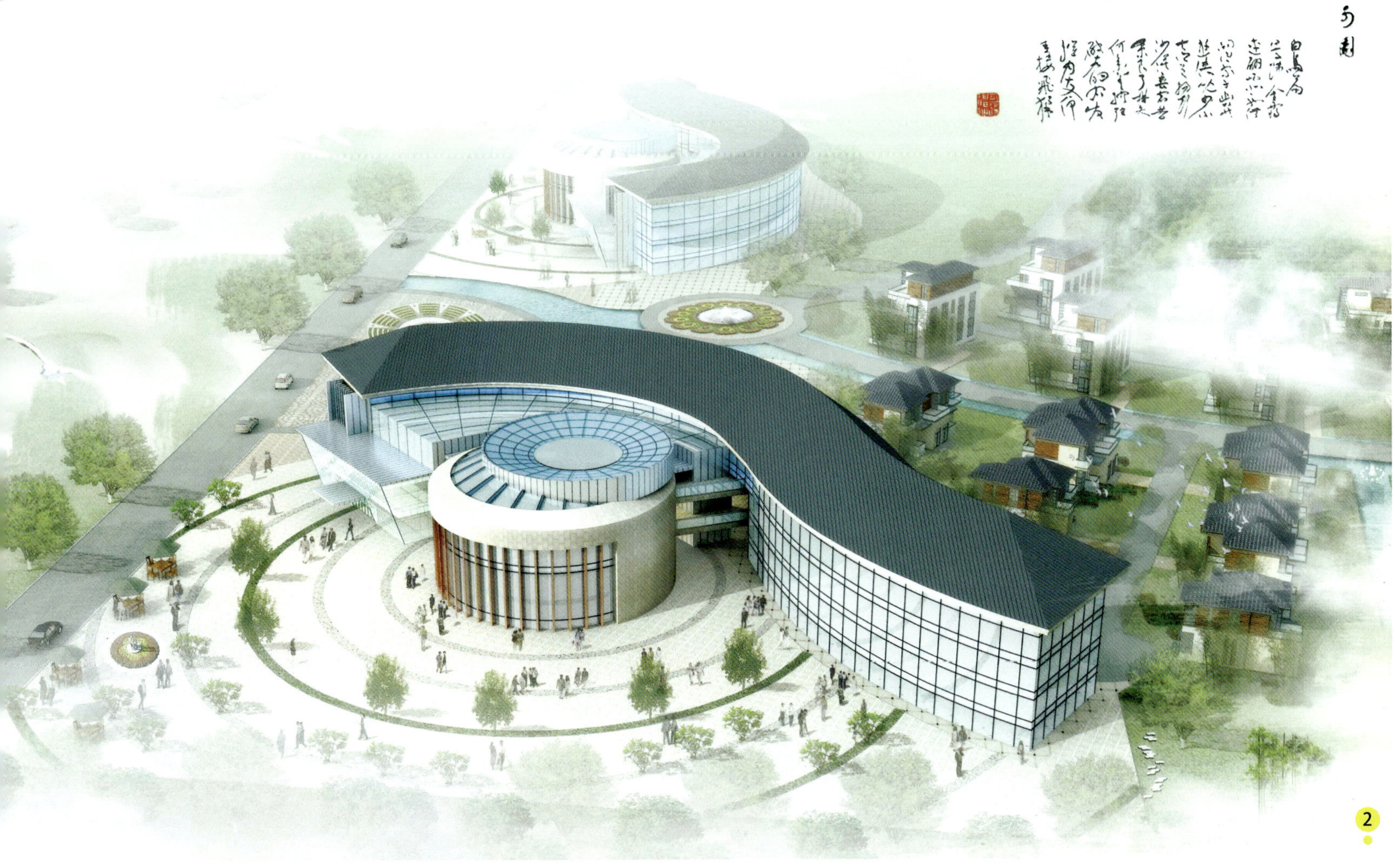

2

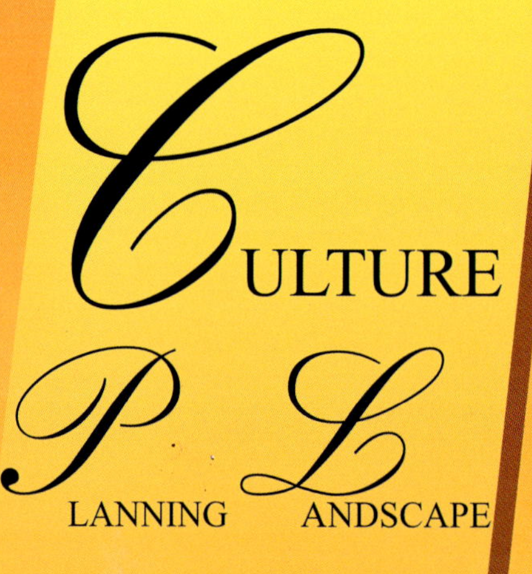

体育馆

Sports

项目名称：岳阳体育中心
绘图单位：长沙市东韵环境设计咨询有限公司
设计单位：湖南省建筑设计院创作室

1

1

.1 项目名称：某项目
绘图单位：安徽东方石图像文化

.2 项目名称：吉林省长春市某体育馆
绘图单位：长春市艺景设计有限公司
设计单位：长春市艺景设计有限公司

.3 项目名称：冰川县体育馆
绘图单位：成都市亿点数码艺术设计有限公司（昆明分公司）
设计单位：昆明营造工程设计有限公司

1

2

.1 项目名称：东莞篮球馆设计方案
绘图单位：东莞天海建筑表现
设计单位：广州大学建筑设计研究院

.2 项目名称：阳江一中某项目
绘图单位：广州金龙图文设计有限公司

.3 项目名称：滑雪场
绘图单位：大连景熙建筑绘画设计有限公司
设计单位：王雷

.4 项目名称：西南大学体育馆日景
绘图单位：哈尔滨市拓普装饰设计有限公司
设计单位：哈尔滨市拓普装饰设计有限公司

3

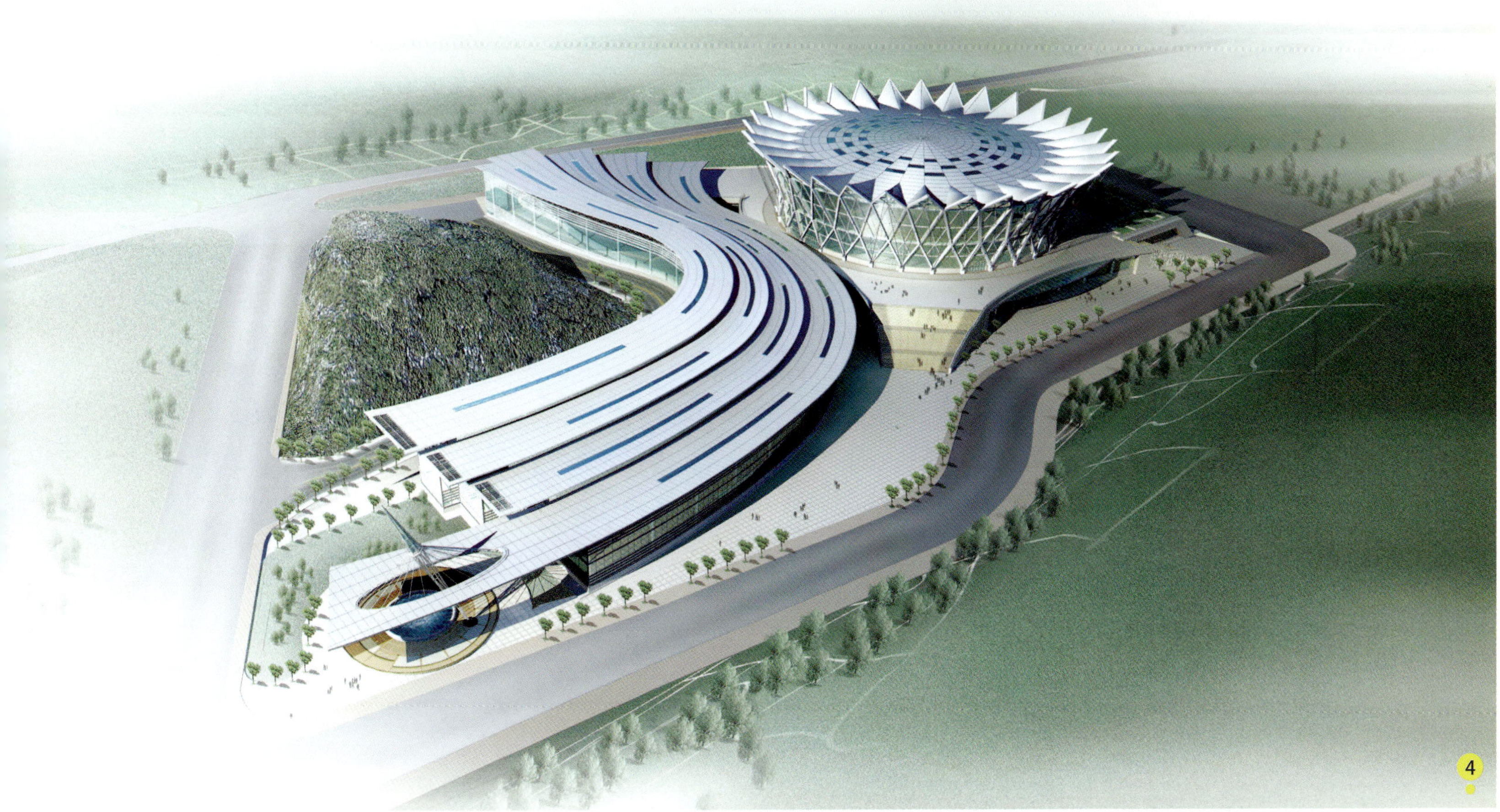

4

1

1

.1 项目名称：苍南县体育馆
绘图单位：湖北中江建筑设计院星光建筑表现室
设计单位：李豪建筑设计工作室

2

3

.2 项目名称：枞阳体育馆
绘图单位：合肥思拓建筑表现工作室
设计单位：上海华东院

.3 项目名称：潍坊体育中心演艺中心
绘图单位：大千视觉（北京）数码科技有限公司
设计单位：清华规划院

项目名称：潍坊体育中心
绘图单位：大千视觉（北京）数码科技有限公司
设计单位：清华规划院

.1 项目名称：枞阳体育馆
绘图单位：合肥思拓建筑表现工作室
设计单位：上海华东院

.2 项目名称：岳阳体育中心
绘图单位：长沙市东韵环境设计咨询有限公司
设计单位：湖南省建筑设计院创作室

.3 项目名称：安哥拉体育中心
绘图单位：黑龙江省三人行建筑设计有限公司
设计单位：哈尔滨工业大学建筑设计院

3

3

3

1

2

2

项目名称：吉林雾凇体育城
绘图单位：黑龙江省三人行建筑设计有限公司
设计单位：哈工大规划院

项目名称：昆明学院洋浦校区体育中心
绘图单位：成都市亿点数码艺术设计有限公司（昆明分公司）
设计单位：云南省设计院

项目名称：来宾体育馆
绘图单位：南宁市皓芬空间设计咨询有限责任公司
设计单位：广西华蓝设计（集团）公司

项目名称：晋宁体育馆
绘图单位：昆明云筑天辰图文设计有限公司
设计单位：云南省设计院

项目名称：体院馆
绘图单位：泉州联拓数字媒体有限公司

1

1

.1 项目名称：某项目
绘图单位：上海思坦德建筑装饰工程有限公司
设计单位：上海洪辰建筑设计有限公司

.2 项目名称：北闸口某体育馆
绘图单位：天津力天世纪建筑设计工作室
设计单位：天津.天资拓维

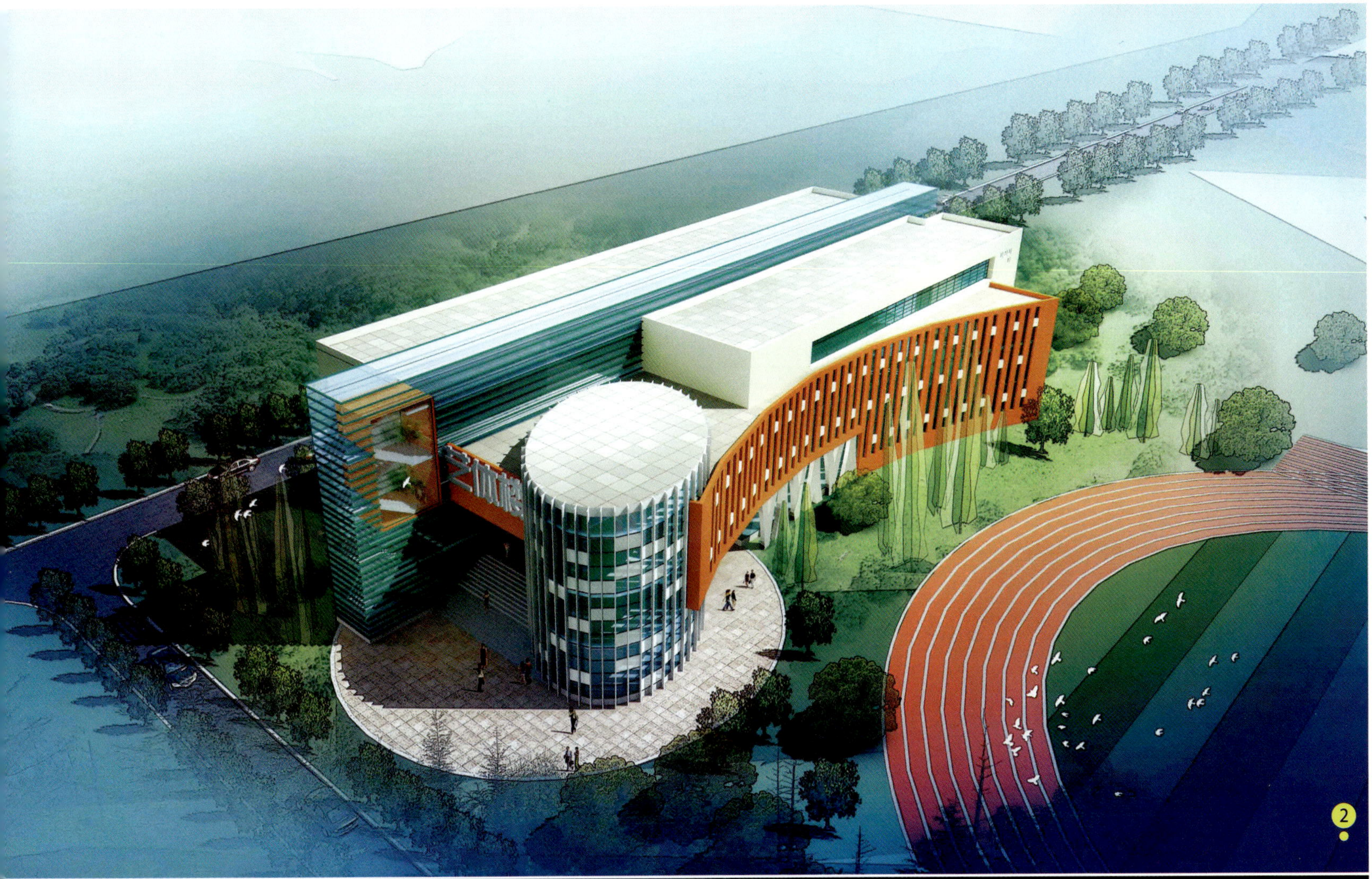

2

3

.3 项目名称：体育馆
绘图单位：上海翼觉建筑设计咨询有限公司

1 项目名称：体育馆
绘图单位：武汉三的印象数码设计有限公司
设计单位：中南建筑设计院

2 项目名称：长垣体育馆
绘图单位：郑州DECO建筑设计咨询有限公司
设计单位：河南清水设计公司

3 项目名称：团泊体育运动中心自行车赛馆
绘图单位：天津水木境天数字图像设计事务所有限公司
设计单位：天津市亚库建源建筑规划设计有限公司

.4 项目名称：游泳馆
绘图单位：郑州指南针视觉艺术设计有限公司
设计单位：河南省城乡建筑设计研究院有限公司

.5 项目名称：武陟体育中心
绘图单位：郑州灵度景观设计有限公司
设计单位：泛华建设集团有限公司(河南设计分公司)

CULTURE
PLANNING LANDSCAPE

图书馆
Library

项目名称：某图书馆
绘图单位：合肥思拓建筑表现工作室
设计单位：安徽建工学院设计院

1

2

.1 项目名称：吉林大学农学部图书馆方案
绘图单位：北京回形针图像设计有限公司
设计单位：清华大学建筑学院 许懋彦工作室

.2 项目名称：阳江一中图书馆
绘图单位：广州金龙图文设计有限公司

.3 项目名称：某图书馆
绘图单位：大千视觉（北京）数码科技有限公司
设计单位：清华大学建筑设计研究院

.1 项目名称：吉林大学农学部图书馆方案
绘图单位：北京回形针图像设计有限公司
设计单位：清华大学建筑学院 许懋彦工作室

.2 项目名称：石狮市图书馆
绘图单位：杭州丰稔建筑景观设计有限公司
设计单位：浙江大学

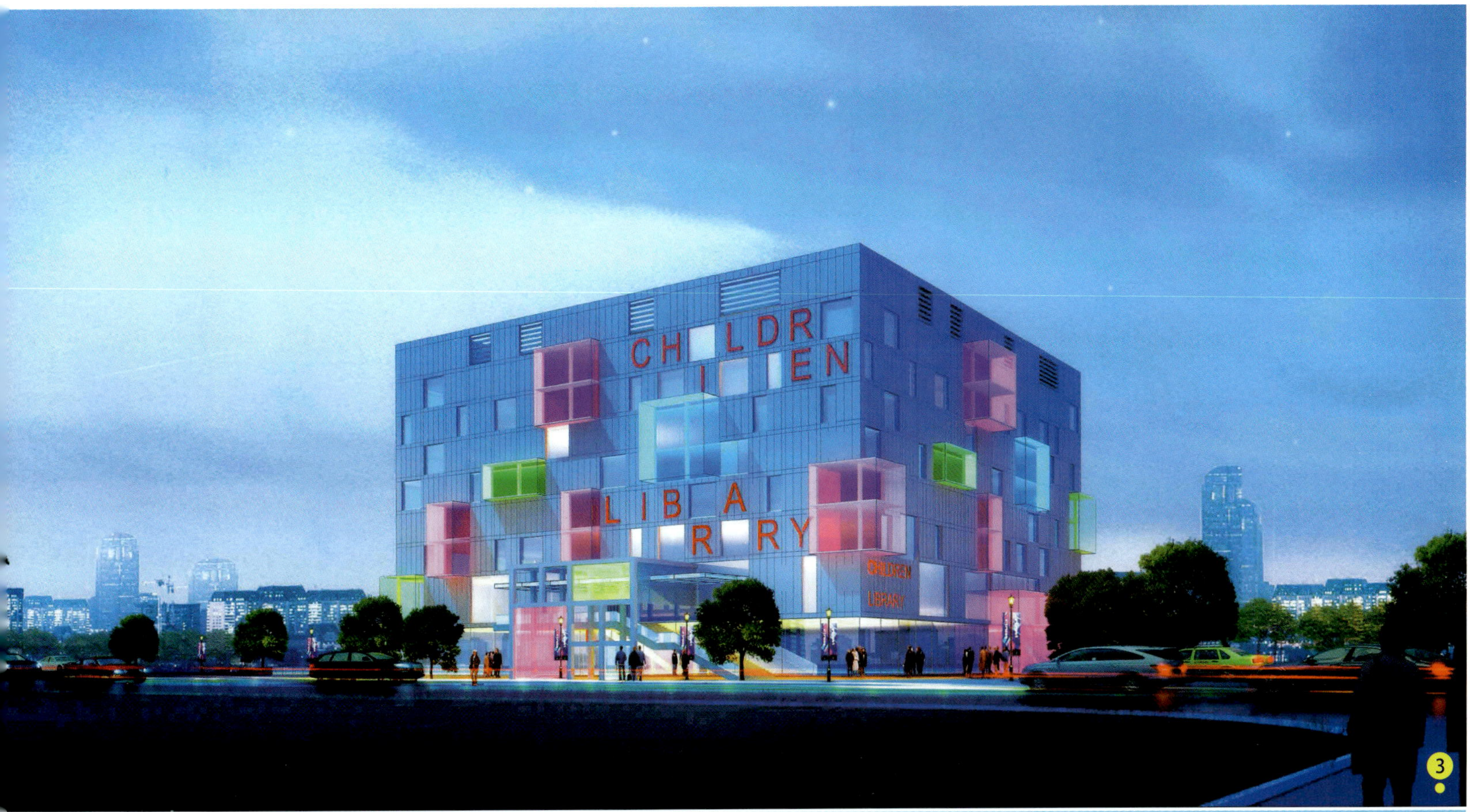

3 项目名称：少儿图书馆
绘图单位：经纬海方文化传播有限公司
设计单位：辽宁省建筑设计研究院

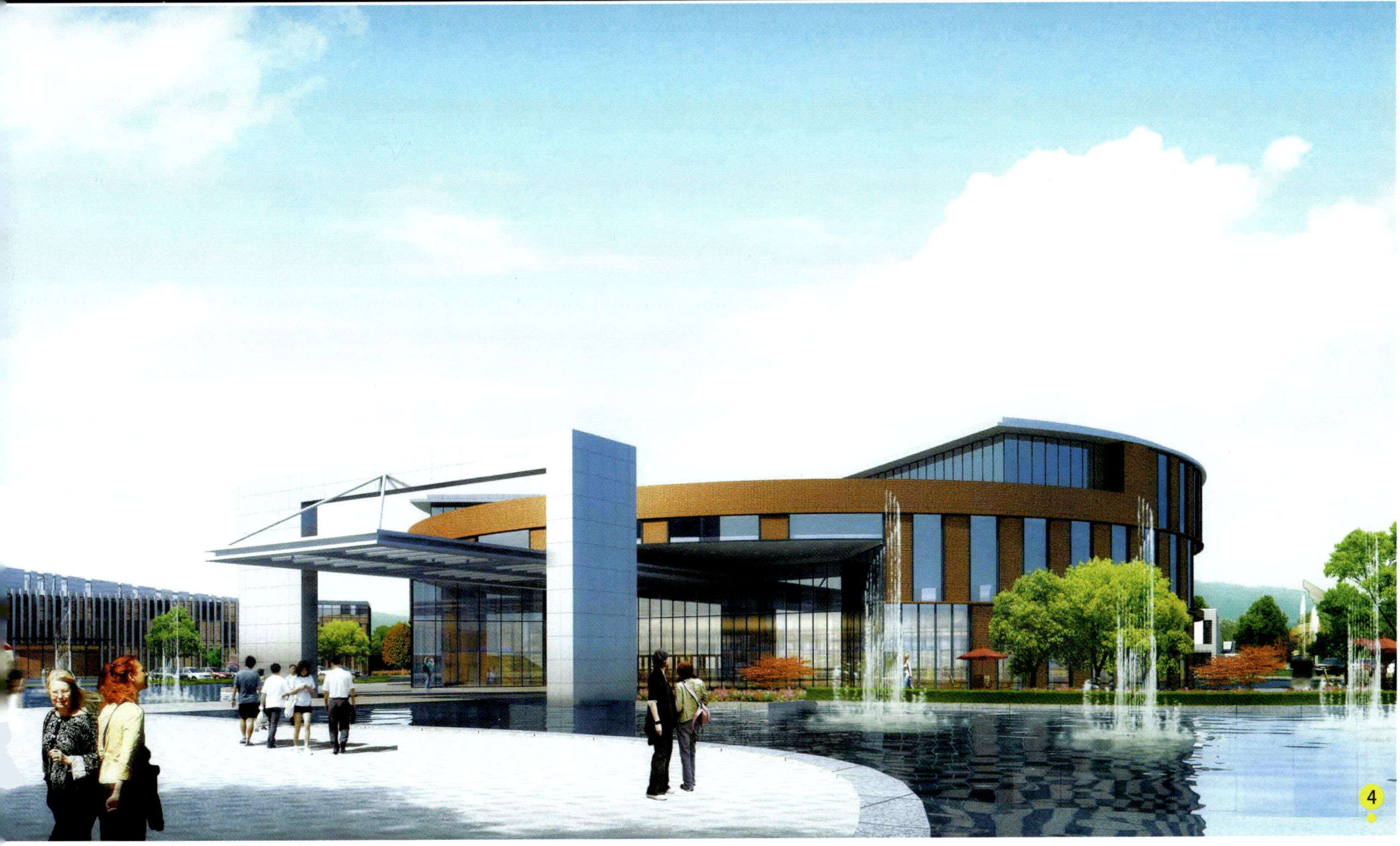

4 项目名称：图书馆
绘图单位：合肥思拓建筑表现工作室
设计单位：广州科城

交通建筑

Transportation

项目名称：胶南汽车站
绘图单位：济南雅色广告传媒有限公司
设计单位：山东同圆设计集团有限公司

项目名称：胶南汽车站
绘图单位：济南雅色广告传媒有限公司
设计单位：山东同圆设计集团有限公司

.1 项目名称：某项目
绘图单位：上海艺筑图文设计有限公司
设计单位：中联程泰宁建筑设计研究院

.2 项目名称：交通枢纽
绘图单位：大连景熙建筑绘画设计有限公司

.3 项目名称：长沙汽车站
绘图单位：北京左岸数字艺术有限公司
设计单位：北京向心力建筑工程咨询有限公司

2

3

1

1

1 项目名称：路桥汽车站
绘图单位：杭州地衣建筑设计表现有限公司
设计单位：浙江省建工建筑设计院有限公司

2

3

.2 项目名称：某项目
绘图单位：杭州地衣建筑设计表现有限公司
设计单位：浙江省建工建筑设计院有限公司

.3 项目名称：益阳汽车站
绘图单位：长沙市东韵环境设计咨询有限公司
设计单位：曼都设计

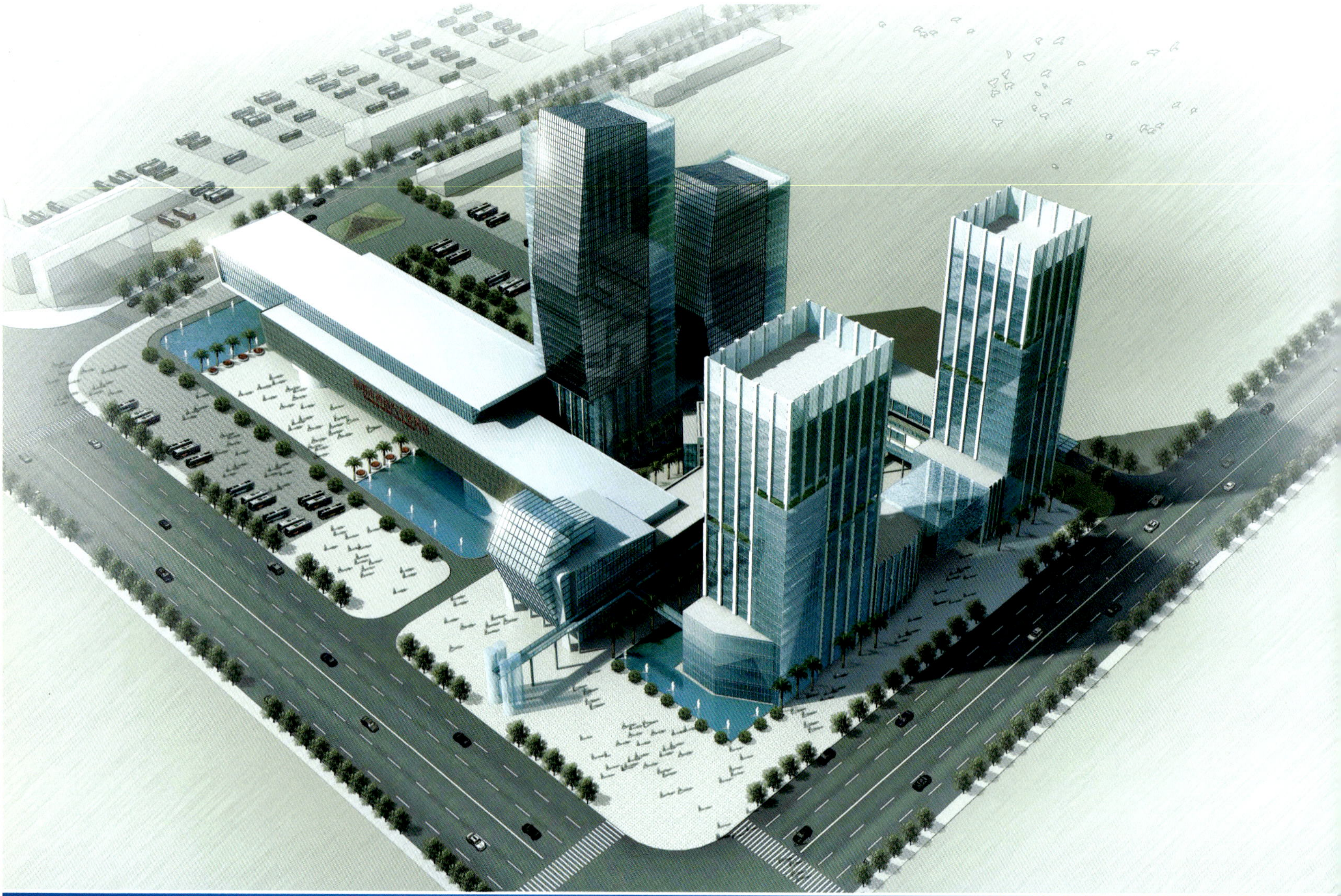

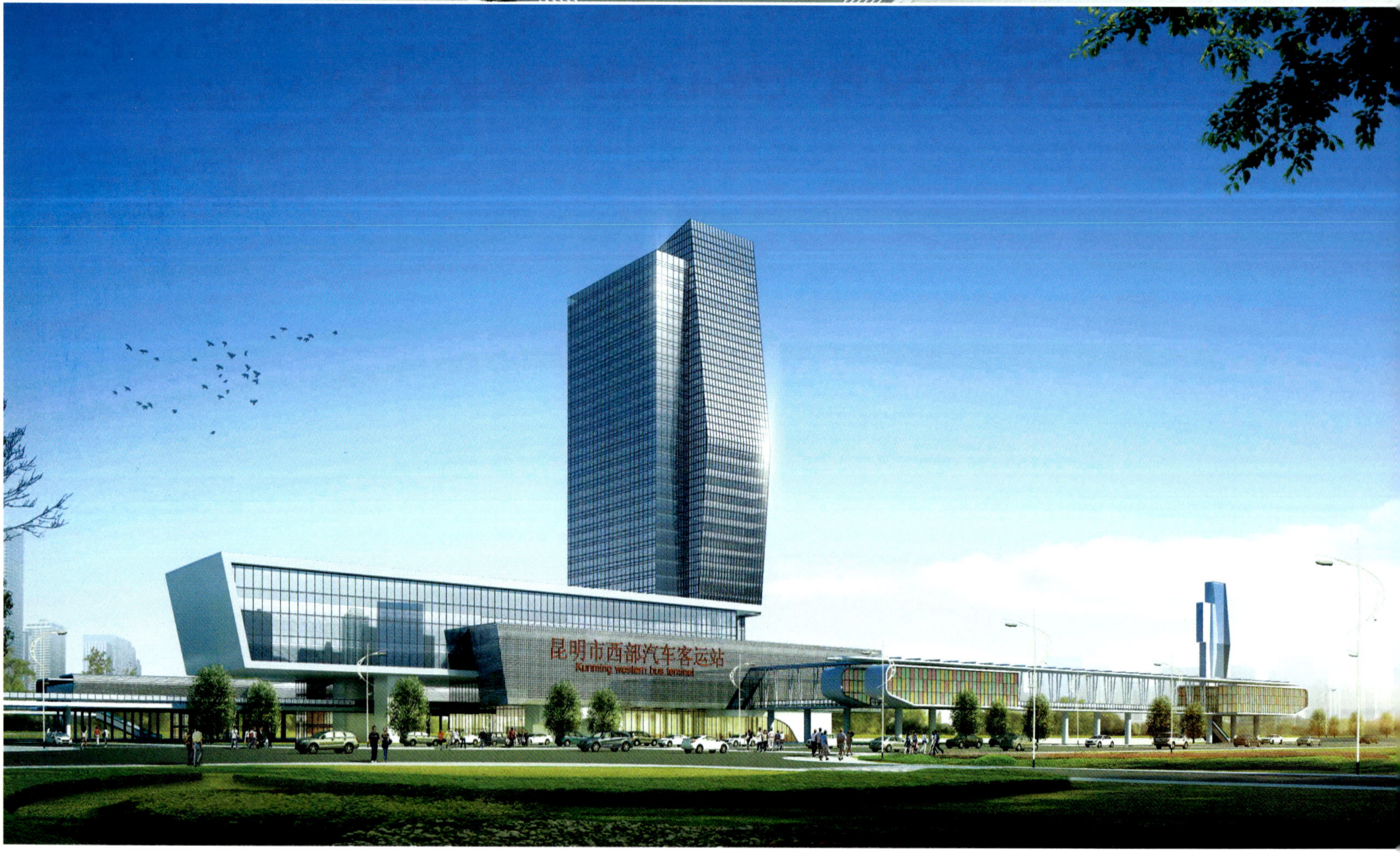
昆明市西部汽车客运站
Kunming western bus terminal

项目名称：昆明西部客运站
绘图单位：昆明云筑天辰图文设计有限公司
设计单位：云南怡成建筑设计有限公司

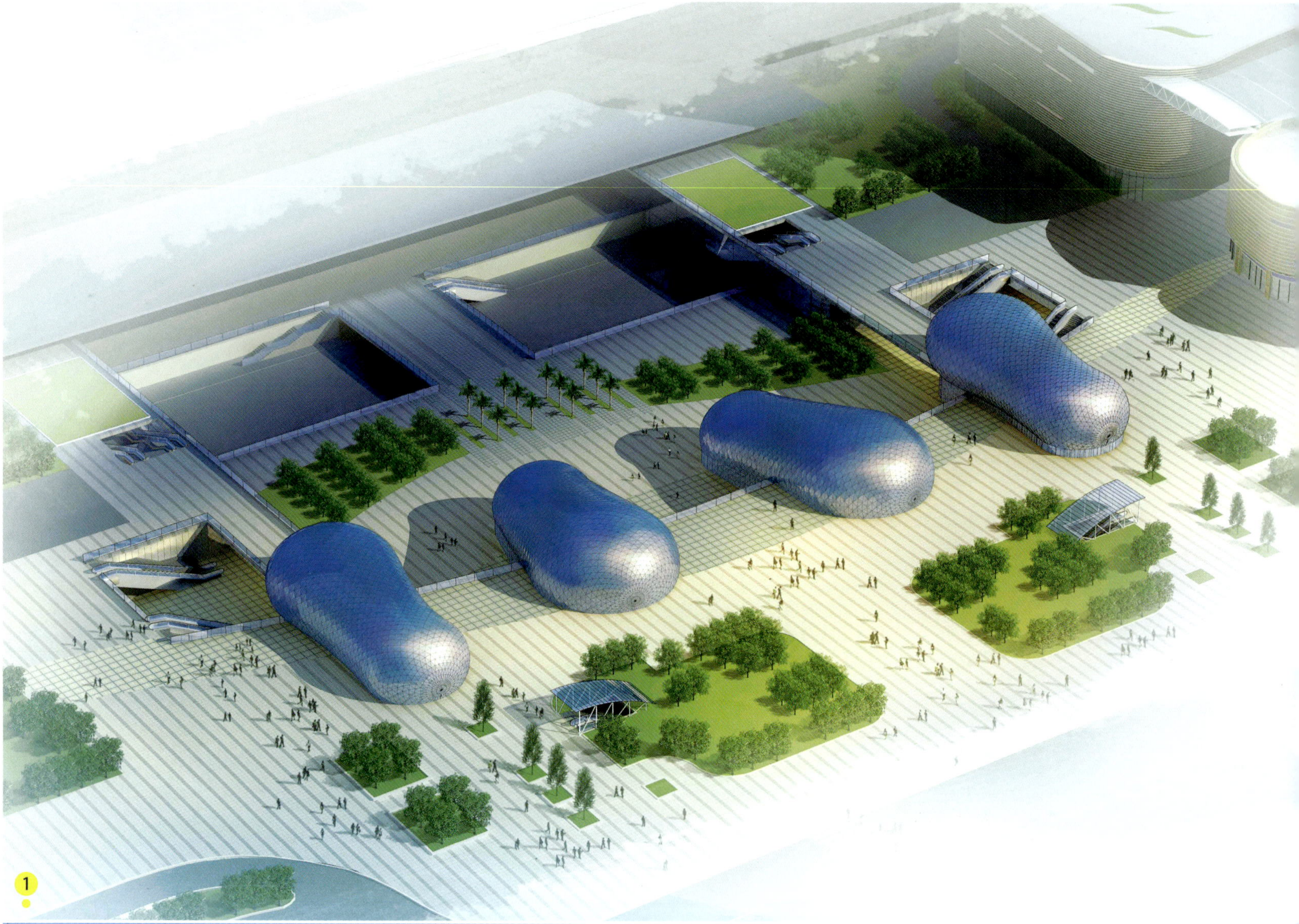

1

1

2

2

.1 项目名称：长沙武广火车站水珠
绘图单位：长沙市忆辰数码图像设计有限公司
设计单位：有色院

.2 项目名称：余慈长途综合体
绘图单位：上海三藏环境艺术设计有限公司
设计单位：联创国际

1

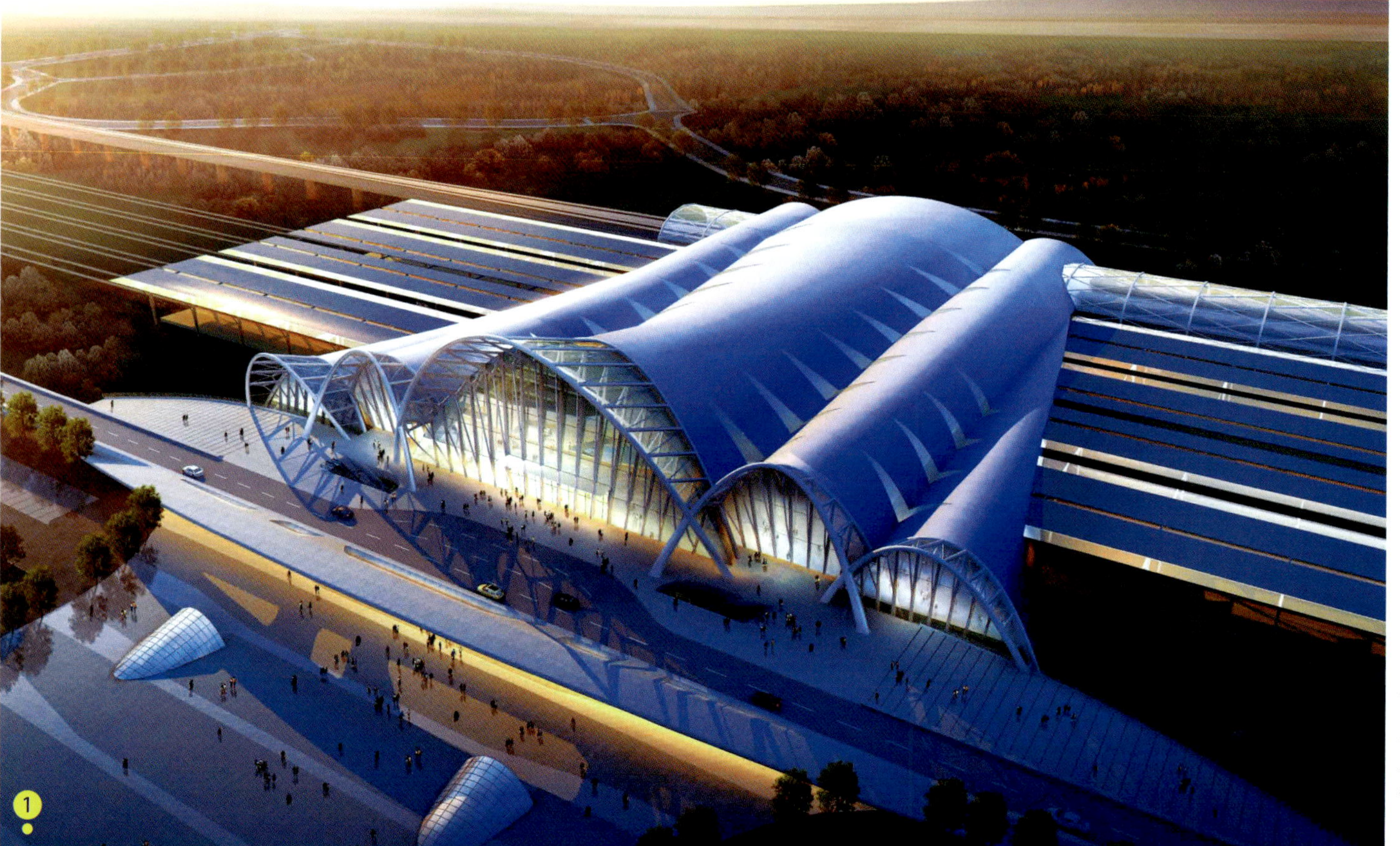
1

.1 项目名称：柳州站
绘图单位：上海三藏环境艺术设计有限公司
设计单位：联创国际

.2 项目名称：某项目
绘图单位：北京海岸天数码科技发展有限公司

.3 项目名称：南宁火车东站
绘图单位：南宁市皓芬空间设计咨询有限责任公司
设计单位：广西华蓝设计（集团）公司

2

3

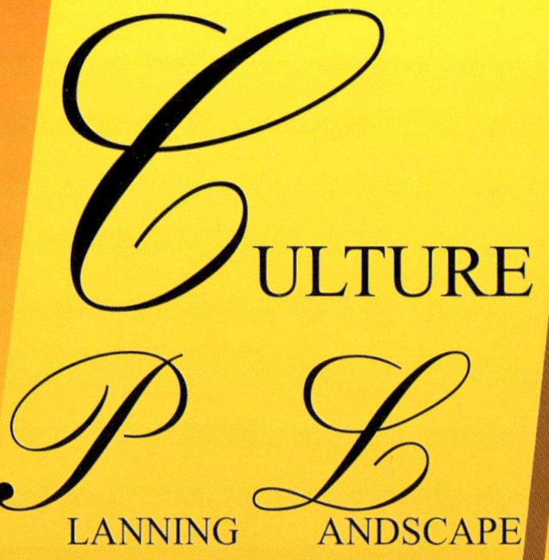

文化中心

Cultural Center

项目名称：长沙某文化中心
绘图单位：长沙一川数字科技有限公司
设计单位：吉好地咨询(北京)有限公司长沙分公司

1

2

1 项目名称：长沙某文化中心
绘图单位：长沙一川数字科技有限公司
设计单位：吉好地咨询(北京)有限公司长沙分公司

2 项目名称：青少年宫
绘图单位：长沙一川数字科技有限公司
设计单位：中国水电顾问集团中南勘测设计研究院

3 项目名称：山东枣庄市民中心
绘图单位：上海三藏环境艺术设计有限公司
设计单位：联创国际

项目名称：山东枣庄市民中心
绘图单位：上海三藏环境艺术设计有限公司
设计单位：联创国际

项目名称：某项目
绘图单位：北京海岸天数码科技发展有限公司

项目名称：泸州文化中心
绘图单位：成都丰尚数码技术有限公司
设计单位：成都龙安华诚

1

1

.1 项目名称：泸州文化中心
绘图单位：成都丰尚数码技术有限公司
设计单位：成都龙安华诚

.2 项目名称：某项目
绘图单位：北京原鼎世纪建筑设计咨询公司

项目名称：遂宁文化中心
绘图单位：成都亿点数码艺术设计有限公司
设计单位：成都全景公司

1

2

.1 项目名称：北师大大礼堂
绘图单位：大千视觉（北京）数码科技有限公司
设计单位：清华大学建筑设计研究院

.2 项目名称：某文化中心
绘图单位：大千视觉（北京）数码科技有限公司
设计单位：清华大学建筑设计研究院

.3 项目名称：肥城文化中心
绘图单位：北京屹巅时代建筑艺术设计有限公司

3

3

1

1

.1 项目名称：重庆竞赛时空旅行者
绘图单位：哈尔滨三力
设计单位：黑龙江省中美建筑设计研究院有限责任公司

.2 项目名称：大庆市工人文化宫
绘图单位：哈尔滨三力
设计单位：大庆市规划设计研究院

1

1

.1 项目名称：大庆市青少年活动中心
绘图单位：哈尔滨三力
设计单位：大庆市规划设计研究院

.2 项目名称：淄博文化中心
绘图单位：上海右键巢起建筑表现
设计单位：谭东

项目名称：大庆市青少年活动中心
绘图单位：哈尔滨三力
设计单位：大庆市规划设计研究院

项目名称：北极村
绘图单位：哈尔滨市拓普装饰设计有限公司
设计单位：哈尔滨市拓普装饰设计有限公司

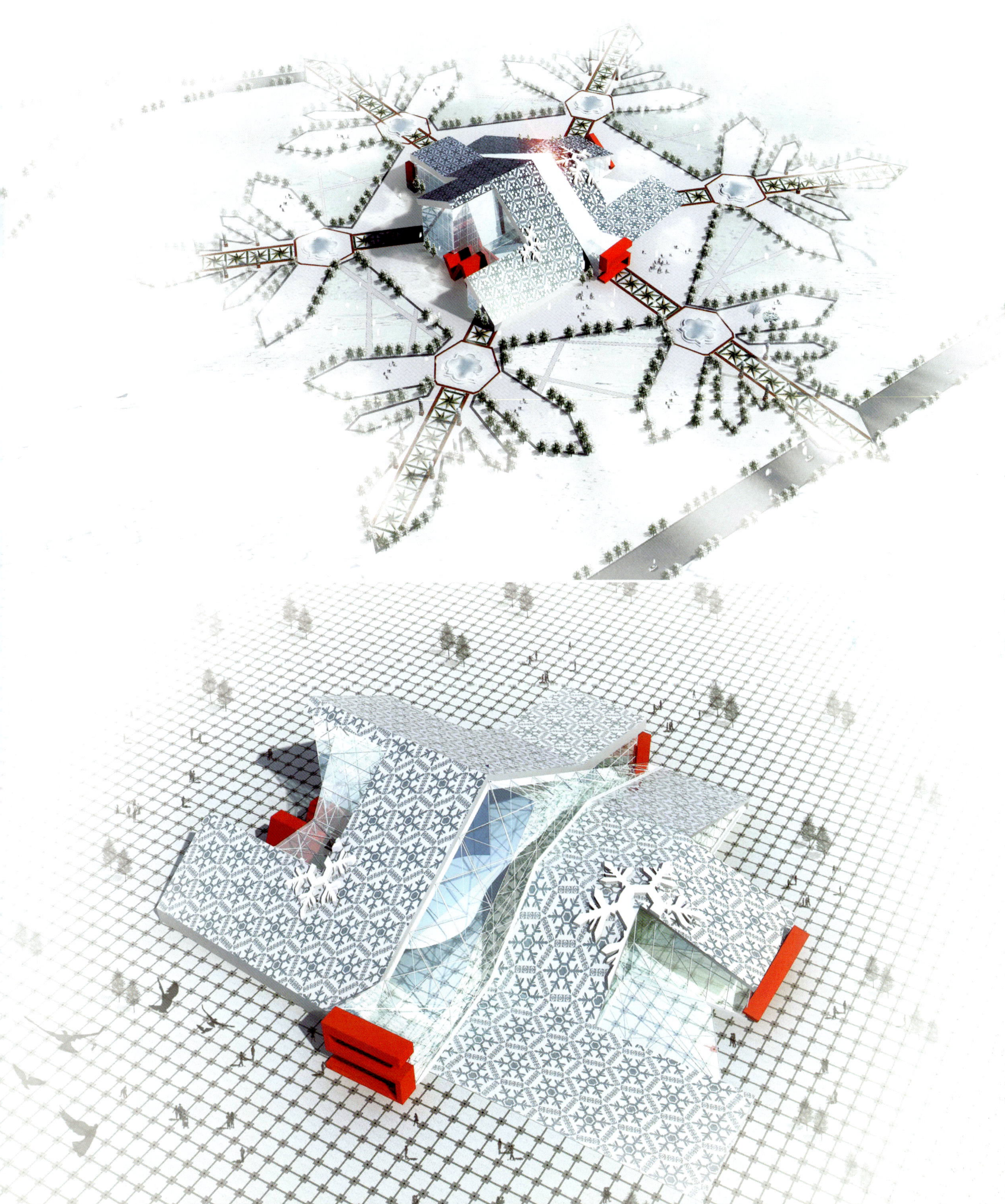

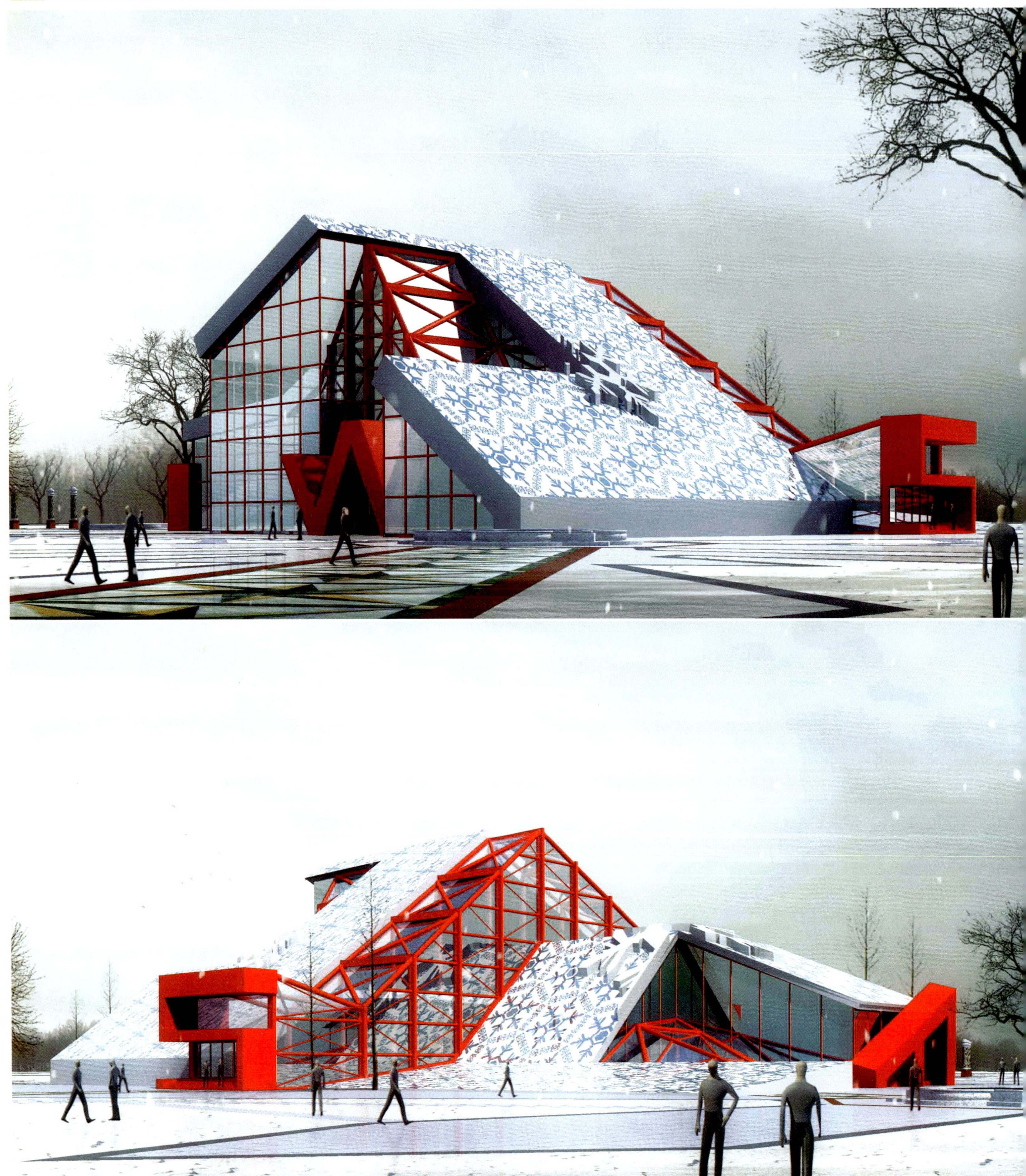

项目名称：北极村
绘图单位：哈尔滨市拓普装饰设计有限公司
设计单位：哈尔滨市拓普装饰设计有限公司

1

1

.1 项目名称：松北文化中心
绘图单位：黑龙江省三人行建筑设计有限公司
设计单位：哈尔滨市城乡规划设计院

2

3

2 项目名称：洛阳栾川歌剧院
绘图单位：洛阳张涵数码影像技术开发有限公司
设计单位：河南智博建筑设计有限公司

3 项目名称：兴凯湖文体中心
绘图单位：哈尔滨源创图文设计有限公司
设计单位：农垦工程设计有限公司

1

2

1 项目名称：吴江文化中心
绘图单位：上海蓝艺建筑表现有限公司
设计单位：上海上宇建筑设计有限公司

2 项目名称：某项目
绘图单位：北京原鼎世纪建筑设计咨询公司

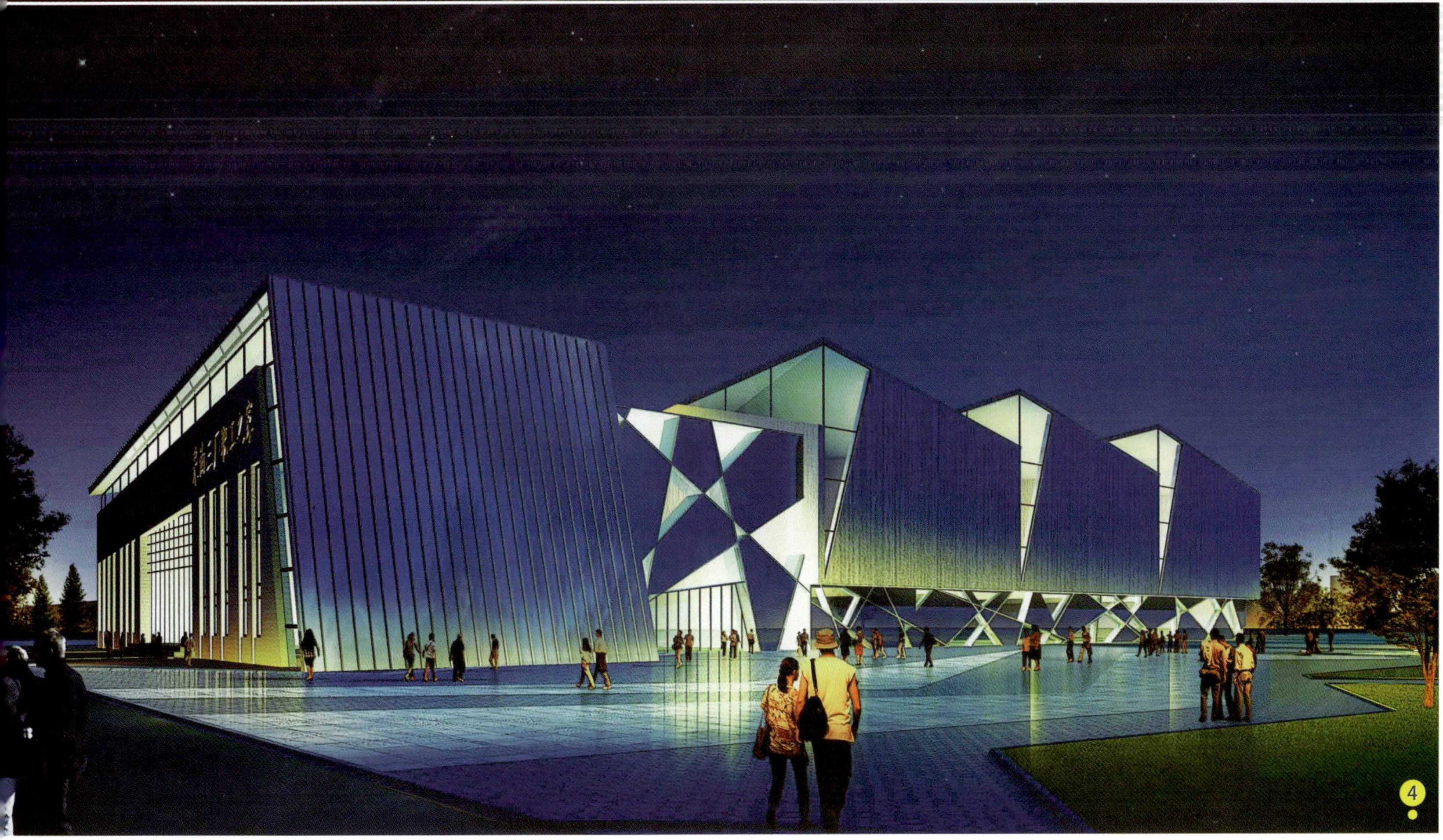

3 项目名称：张江集电社区中心
绘图单位：上海蓝艺建筑表现有限公司
设计单位：上海浦东建筑设计研究院有限公司

4 项目名称：大庆油田员工之家
绘图单位：哈尔滨三力
设计单位：大庆市城建建筑设计研究院

项目名称：徐州艺文之心
绘图单位：深圳市朗形数码影像传播有限公司
设计单位：深圳市东大建筑设计有限公司

1 项目名称：武昌工人文化宫
绘图单位：上海艺筑图文设计有限公司
设计单位：上海泛太建筑设计有限公司

2 项目名称：宝坻文化馆
绘图单位：天津天唐筑景建筑设计咨询有限公司
设计单位：天津大学

3 项目名称：吉安市青少年活动中心
绘图单位：炫艺图像
设计单位：江西省建筑设计研究总院

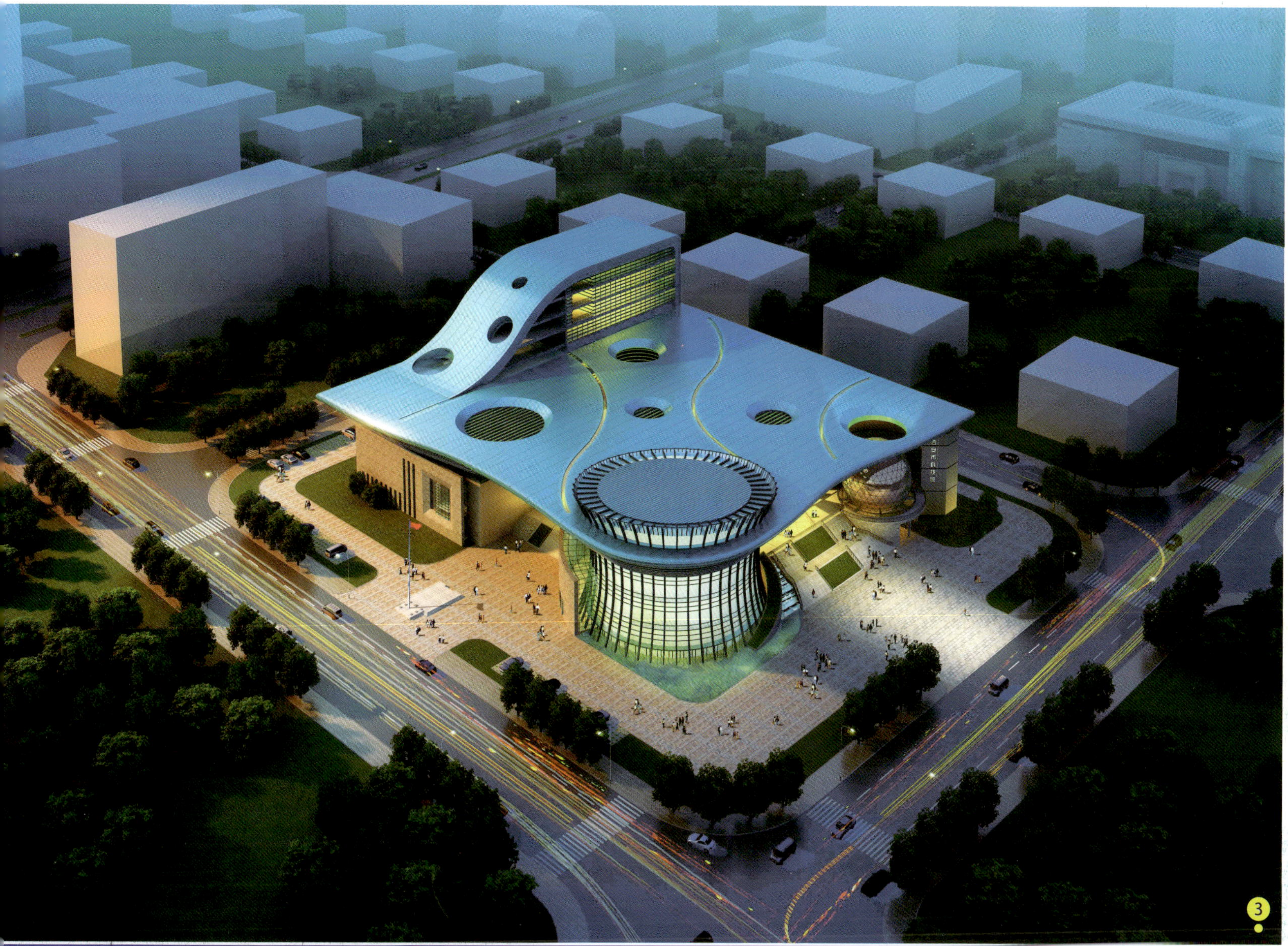

3

3

项目名称：商洛文化艺术中心
绘图单位：西安市莲湖区张伟岗图形图像工作室
设计单位：中联西北工程设计研究院

1

1

1
2  

.1 项目名称：商洛文化艺术中心
绘图单位：西安市莲湖区张伟岗图形图像工作室
设计单位：中联西北工程设计研究院

.2 项目名称：某项目
绘图单位：北京原鼎世纪建筑设计咨询公司

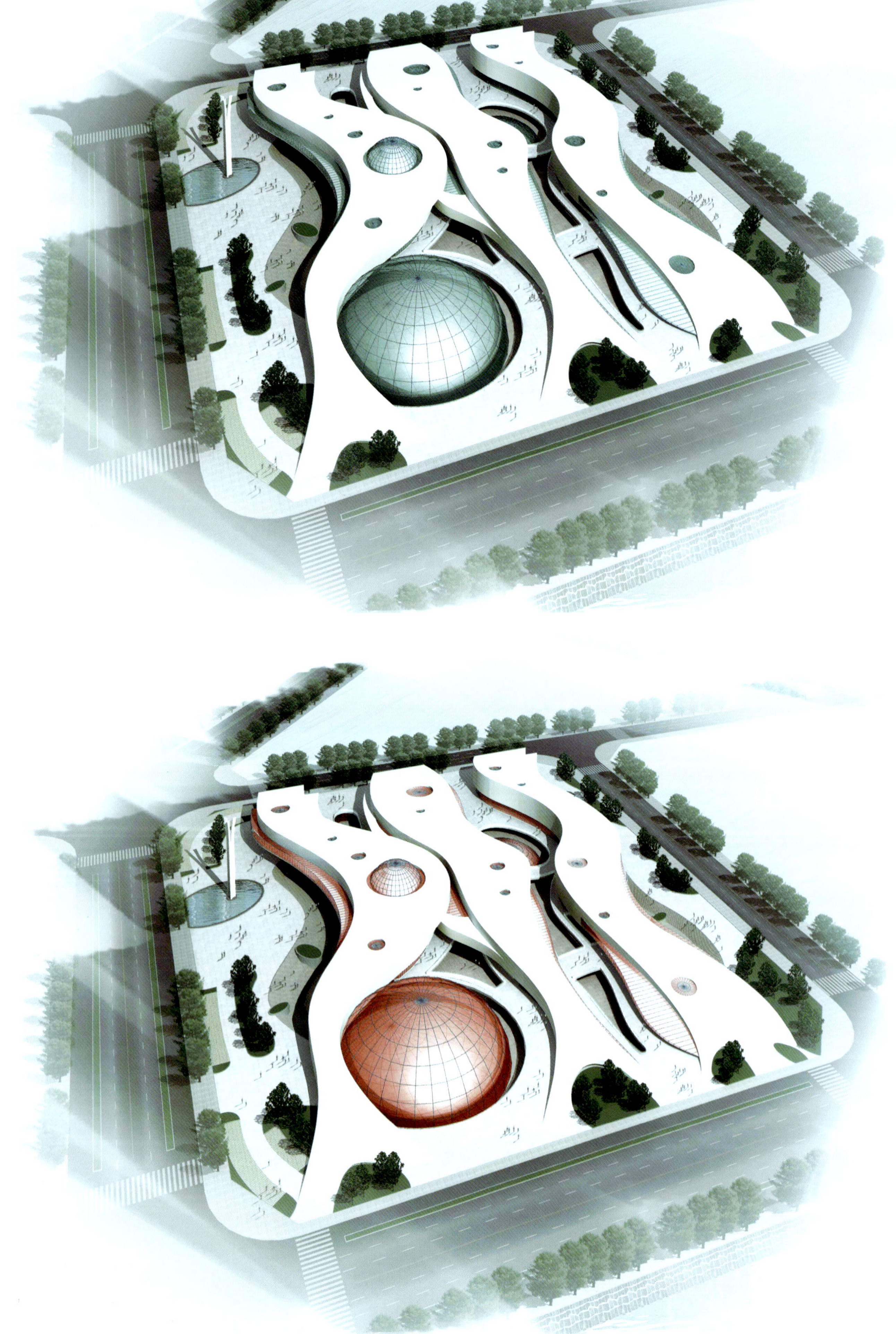

项目名称：商洛文化艺术中心
绘图单位：西安市莲湖区张伟岗图形图像工作室
设计单位：中联西北工程设计研究院

1

1

1
2 

.1 项目名称：商洛文化艺术中心
绘图单位：西安市莲湖区张伟岗图形图像工作室
设计单位：中联西北工程设计研究院

.2 项目名称：平和文体中心
绘图单位：厦门万典图像设计有限公司

1
1
2

1 项目名称：宝坻文化馆
绘图单位：天津天唐筑景建筑设计咨询有限公司
设计单位：天津大学

2 项目名称：某活动中心
绘图单位：天津天唐筑景建筑设计咨询有限公司
设计单位：天津大学

3 项目名称：某项目
绘图单位：北京原鼎世纪建筑设计咨询公司

4 项目名称：某项目
绘图单位：天津唐来数字科技有限公司

会展中心

Convention Center

项目名称：长沙机械交易展览中心
绘图单位：长沙市东韵环境设计咨询有限公司
设计单位：中机国院设计研究院

.1 项目名称：长沙机械交易展览中心
绘图单位：长沙市东韵环境设计咨询有限公司
设计单位：中机国院设计研究院

.2 项目名称：演绎中心
绘图单位：北京屹巅时代建筑艺术设计有限公司

3

3

.3 项目名称：梅溪湖国际会展中心
绘图单位：长沙市东韵环境设计咨询有限公司
设计单位：湖南省建筑设计院六所

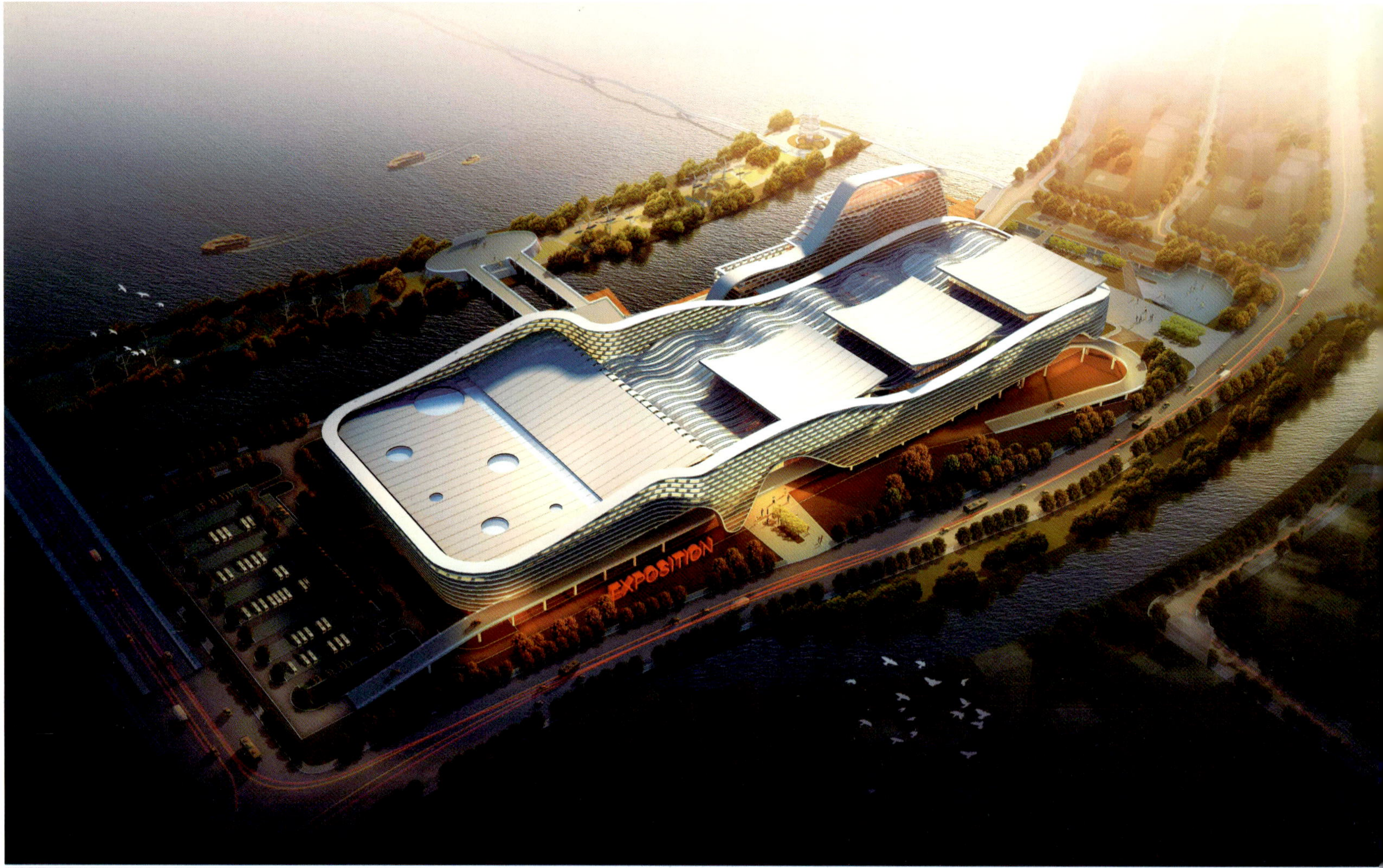

项目名称：梅溪湖国际会展中心
绘图单位：长沙市东韵环境设计咨询有限公司
设计单位：湖南省建筑设计院六所

EXBITION

1 项目名称：梅溪湖国际会展中心
绘图单位：长沙市东韵环境设计咨询有限公司
设计单位：湖南省建筑设计院六所

2 项目名称：西南城会展中心
绘图单位：成都蓝水晶数码图像制作有限公司
设计单位：陈凯

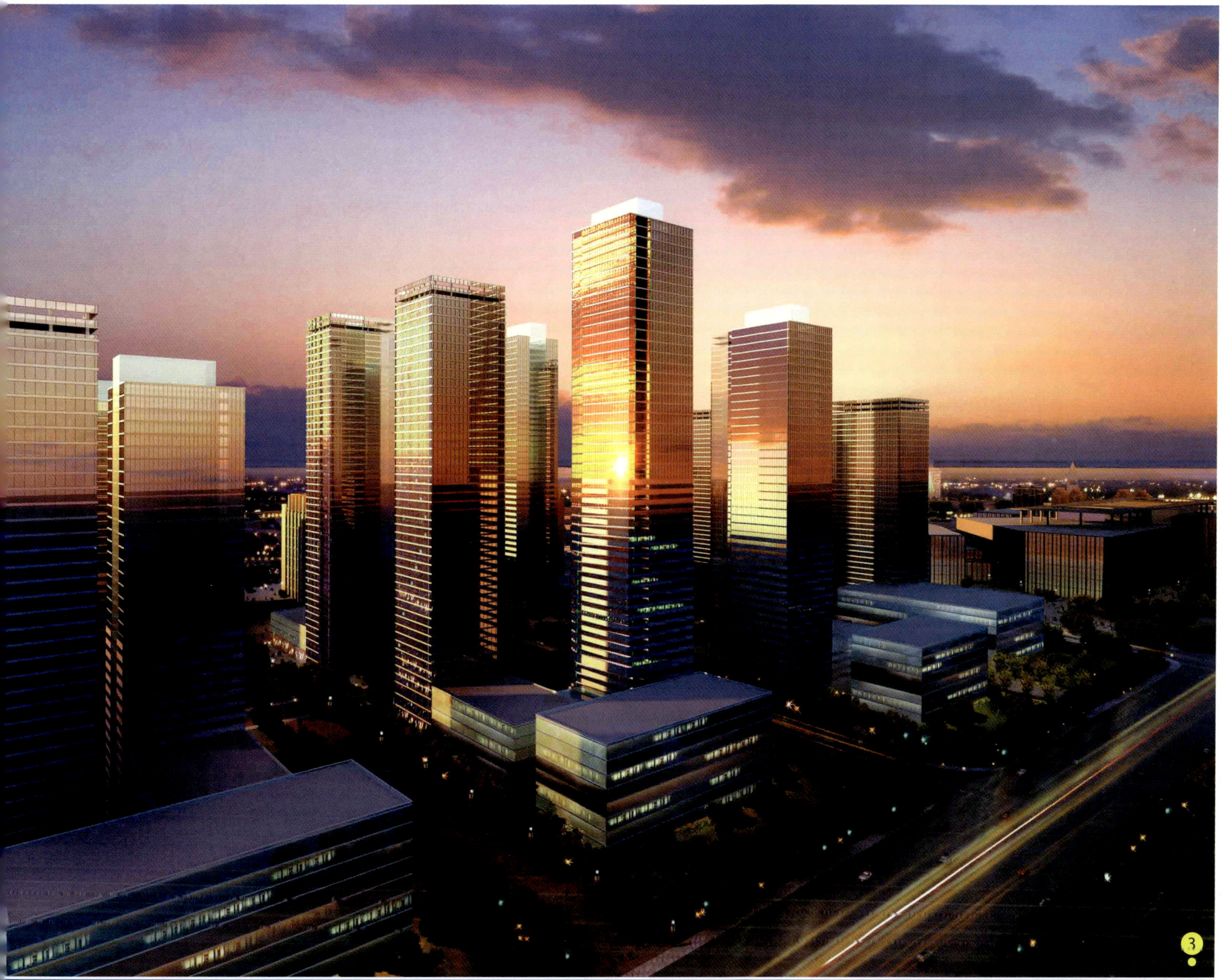

3 项目名称：大连会展城
绘图单位：上海三藏环境艺术设计有限公司
设计单位：联熙建筑设计

1

2

.1 项目名称：某项目
绘图单位：黑龙江省经纬海方文化传播有限公司
设计单位：大庆城建设计院

.2 项目名称：无锡零碳馆
绘图单位：杭州博凡数码影像设计有限公司
设计单位：上海米丈建筑设计有限公司

.3 项目名称：某项目
绘图单位：安徽东方石图像文化

1

2

2

1 项目名称：锡林浩特剧院方案
绘图单位：北京回形针图像设计有限公司
设计单位：北京汉华建筑设计有限公司

2 项目名称：某规划馆
绘图单位：北京未来空间建筑设计咨询有限公司

3 项目名称：日本北海道音乐厅
绘图单位：成都亿点数码艺术设计有限公司
设计单位：宇汇思规划建筑设计顾问（成都）有限公司

项目名称：鄂尔多斯城市展览馆
绘图单位：北京屹巅时代建筑艺术设计有限公司

1 项目名称：美术馆
绘图单位：北京屹巅时代建筑艺术设计有限公司

2 项目名称：吉林省松江河市某民俗馆
绘图单位：长春市艺景设计有限公司
设计单位：长春市艺景设计有限公司

3 项目名称：郴州国际会展中心
绘图单位：长沙市东韵环境设计咨询有限公司
设计单位：湖南省建筑设计院

4 项目名称：某项目
绘图单位：长沙市东韵环境设计咨询有限公司
设计单位：长沙市有色院

5 项目名称：某项目
绘图单位：北京屹巅时代建筑艺术设计有限公司

项目名称：园博会主展馆
绘图单位：成都市亿点数码艺术设计有限公司（昆明分公司）
设计单位：云南省设计院

项目名称：园博会主展馆
绘图单位：成都市亿点数码艺术设计有限公司（昆明分公司）
设计单位：云南省设计院

项目名称：世界品牌汽车博览中心
绘图单位：成都亿点数码艺术设计有限公司
设计单位：四川省建筑设计研究院

项目名称：世界品牌汽车博览中心
绘图单位：成都亿点数码艺术设计有限公司
设计单位：四川省建筑设计研究院

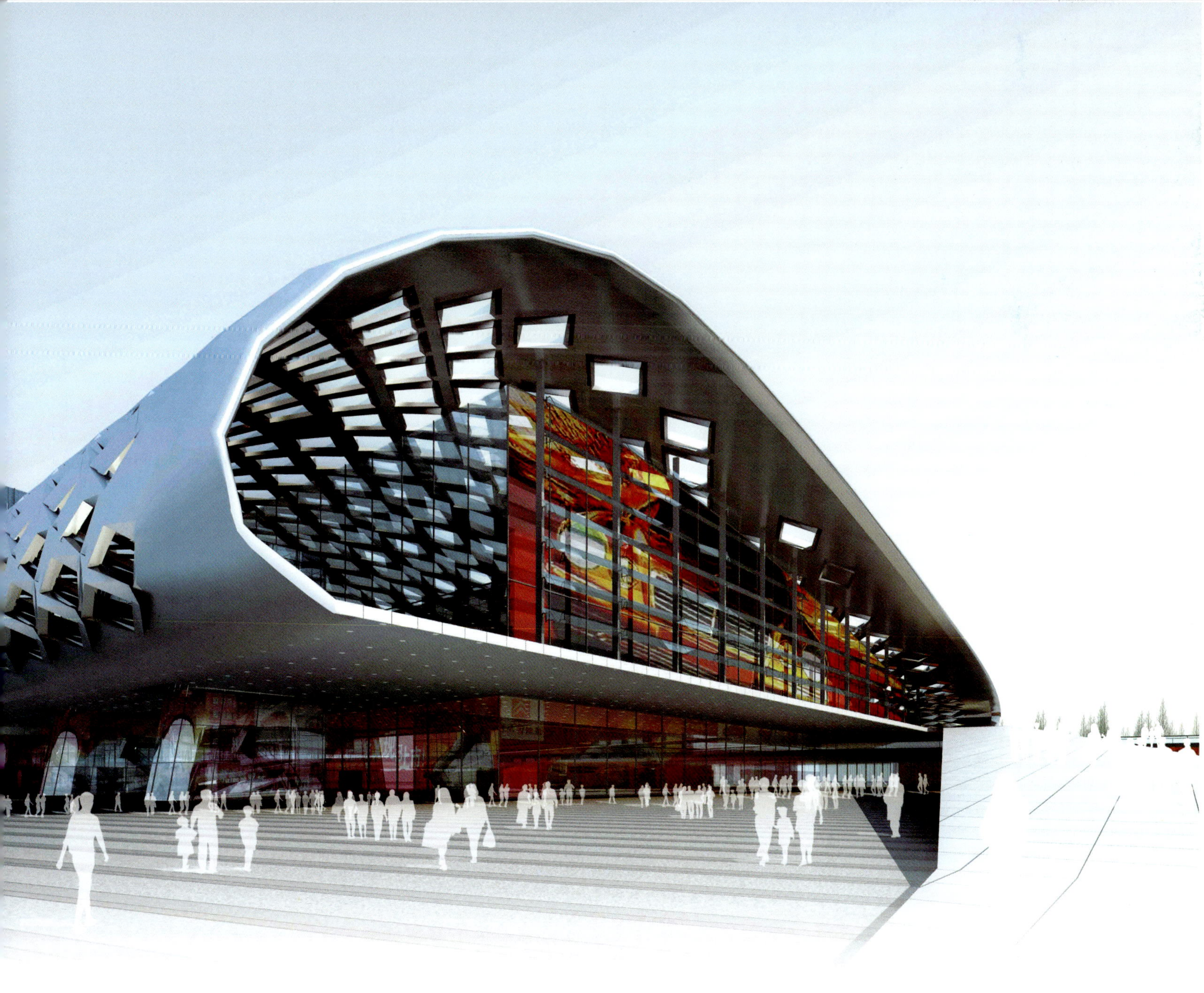

1

1

1 项目名称：特优展厅
绘图单位：大千视觉（北京）数码科技有限公司
设计单位：清城华筑建筑设计研究院

2

3

.2 项目名称：某项目
绘图单位：北京屹巅时代建筑艺术设计有限公司

.3 项目名称：辽宁本溪会展中心
绘图单位：哈尔滨市拓普装饰设计有限公司
设计单位：哈尔滨市拓普装饰设计有限公司

.1 项目名称：哈尔滨会展中心展厅
绘图单位：哈尔滨源创图文设计有限公司
设计单位：哈尔滨源创图文设计有限公司

2 项目名称：哈尔滨会展中心
绘图单位：哈尔滨源创图文设计有限公司
设计单位：哈尔滨工大集团

1

2

3

.1 项目名称：大庆规划院国际会议中心
绘图单位：黑龙江省三人行建筑设计有限公司
设计单位：大庆规划院

.2 项目名称：哈尔滨北方特种车辆制造有限公司产品展示中心
绘图单位：哈尔滨源创图文设计有限公司
设计单位：哈尔滨源创图文设计有限公司

.3 项目名称：大庆国际会议中心
绘图单位：黑龙江省三人行建筑设计有限公司
设计单位：大庆规划院

1 项目名称：大连会展城
绘图单位：上海三藏环境艺术设计有限公司
设计单位：联熙建筑设计

2 项目名称：许昌行政中心科技馆
绘图单位：郑州灵度景观设计有限公司
设计单位：河南埃德莫菲建筑设计有限公司

3 项目名称：三馆
绘图单位：上海千暮数码科技有限公司
设计单位：新加坡IDEA国际规划设计有限公司 上海艾城规划建筑设计有限公司

3

3

1

.1 项目名称：常州恐龙园展示中心
绘图单位：上海艺筑图文设计有限公司
设计单位：加拿大泛太平洋设计与发展有限公司

.2 项目名称：某项目
绘图单位：炫艺图像

.3 项目名称：天津北塘会议中心
绘图单位：西林造景（北京）咨询服务有限公司
设计单位：北京新纪元建筑工程设计有限公司

2

3

3

DINOSAUR

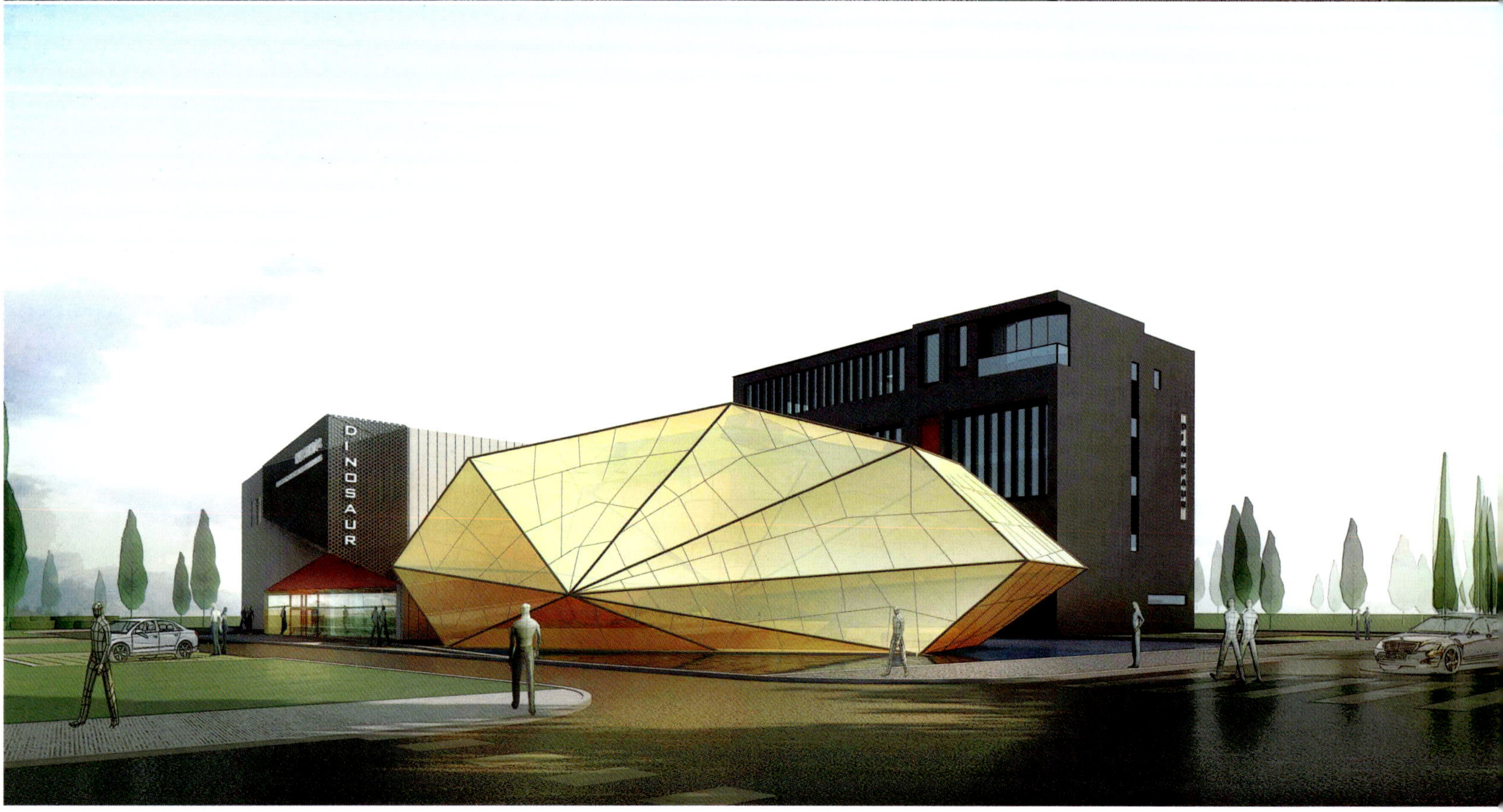

项目名称：常州恐龙园展示中心
绘图单位：上海艺筑图文设计有限公司
设计单位：上海泛太建筑设计有限公司

项目名称：西安生态展示馆
绘图单位：上海艺筑图文设计有限公司
设计单位：上海龙埃建筑设计有限公司

1 项目名称：泰州会展
绘图单位：深圳市朗形数码影像传播有限公司
设计单位：深圳市蓝森设计顾问有限公司

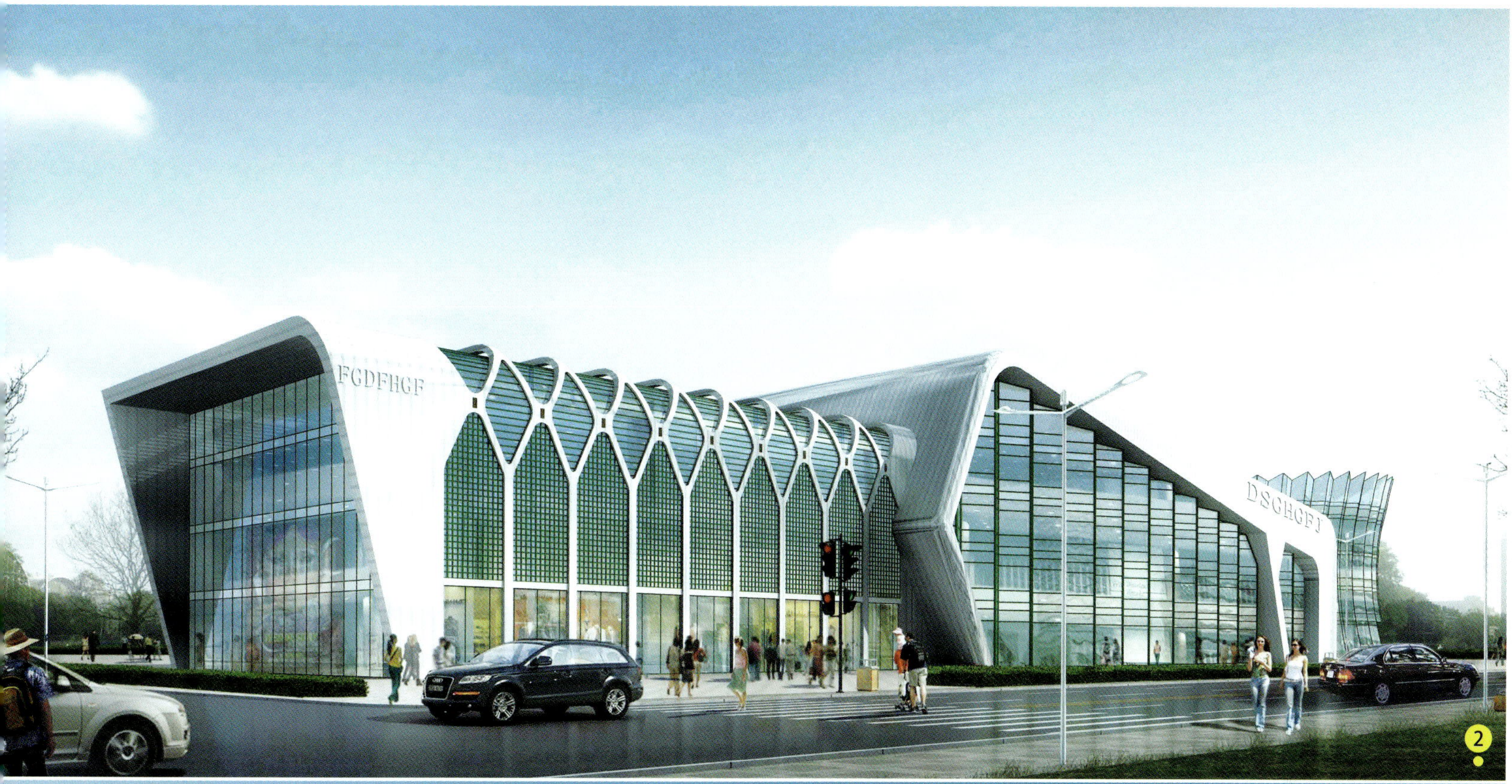

项目名称：济南某展厅
绘图单位：郑州DECO建筑设计咨询有限公司

项目名称：吉安科技馆投标方案
绘图单位：西林造景（北京）咨询服务有限公司
设计单位：北京新纪元建筑工程设计有限公司

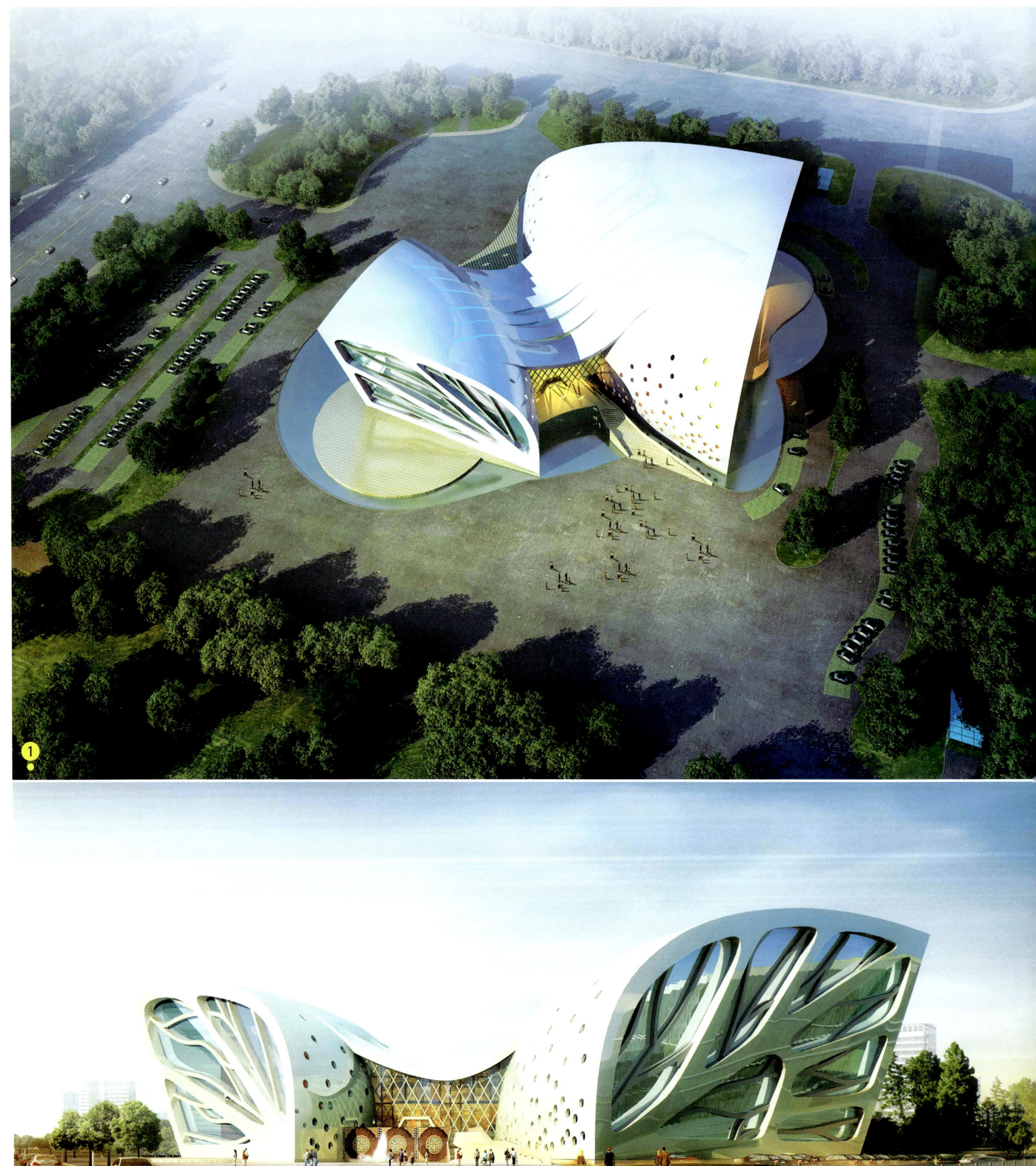

.1 项目名称：某项目
绘图单位：郑州方禾数字图像工作室

.2 项目名称：广州佛山会展中心
绘图单位：郑州灵度景观设计有限公司

2

2

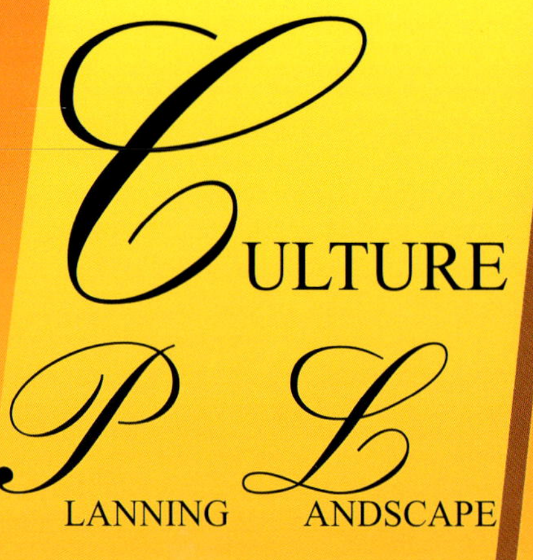

综合文化

General culture

项目名称：山东昌乐影视城子牙塔
绘图单位：厦门市蓝立方建筑事务有限公司
设计单位：厦门市蓝立方建筑事务有限公司

1

2

3

.1项目名称：某项目
绘图单位：北京屹巅时代建筑艺术设计有限公司

.2项目名称：某项目
绘图单位：南宁市皓芬空间设计咨询有限责任公司

.3项目名称：宜宾某剧院
绘图单位：长沙一川数字科技有限公司
设计单位：中国水电顾问集团中南勘测设计研究院

.1 项目名称：学校艺术馆
绘图单位：合肥思拓建筑表现工作室
设计单位：广州科城

.2 项目名称：某项目
绘图单位：济南雅色广告传媒有限公司

.3 项目名称：某项目
绘图单位：郑州乾景图文设计有限公司
设计单位：深圳国际印象建筑设计有限公司

4

5

.4 项目名称：美术馆
绘图单位：南宁市皓芬空间设计咨询有限责任公司
设计单位：广西华蓝设计（集团）公司

.5 项目名称：湿地公园接待,养护中心
绘图单位：天津力天世纪建筑设计工作室
设计单位：天津.港津

项目名称：五大连池景区
绘图单位：哈尔滨市拓普装饰设计有限公司
设计单位：哈尔滨市拓普装饰设计有限公司

CULTURE

PLANNING LANDSCAPE

城市规划

Urban Planning

项目名称：通江某项目
绘图单位：哈尔滨市拓普装饰设计有限公司
设计单位：哈尔滨市拓普装饰设计有限公司

1

.1 项目名称：某项目
绘图单位：安徽东方石图像文化

.2 项目名称：绥中规划
绘图单位：北京清宇宏图建筑设计有限公司
设计单位：清华建筑学院

2

2

项目名称：绥中规划
绘图单位：北京清宇宏图建筑设计有限公司
设计单位：清华建筑学院

1

1

.1 项目名称：昆明博欣精英城项目
绘图单位：北京回形针图像设计有限公司
设计单位：北京中外建建筑设计有限公司 尚国平

2

2

2 项目名称：某项目
绘图单位：安徽东方石图像文化

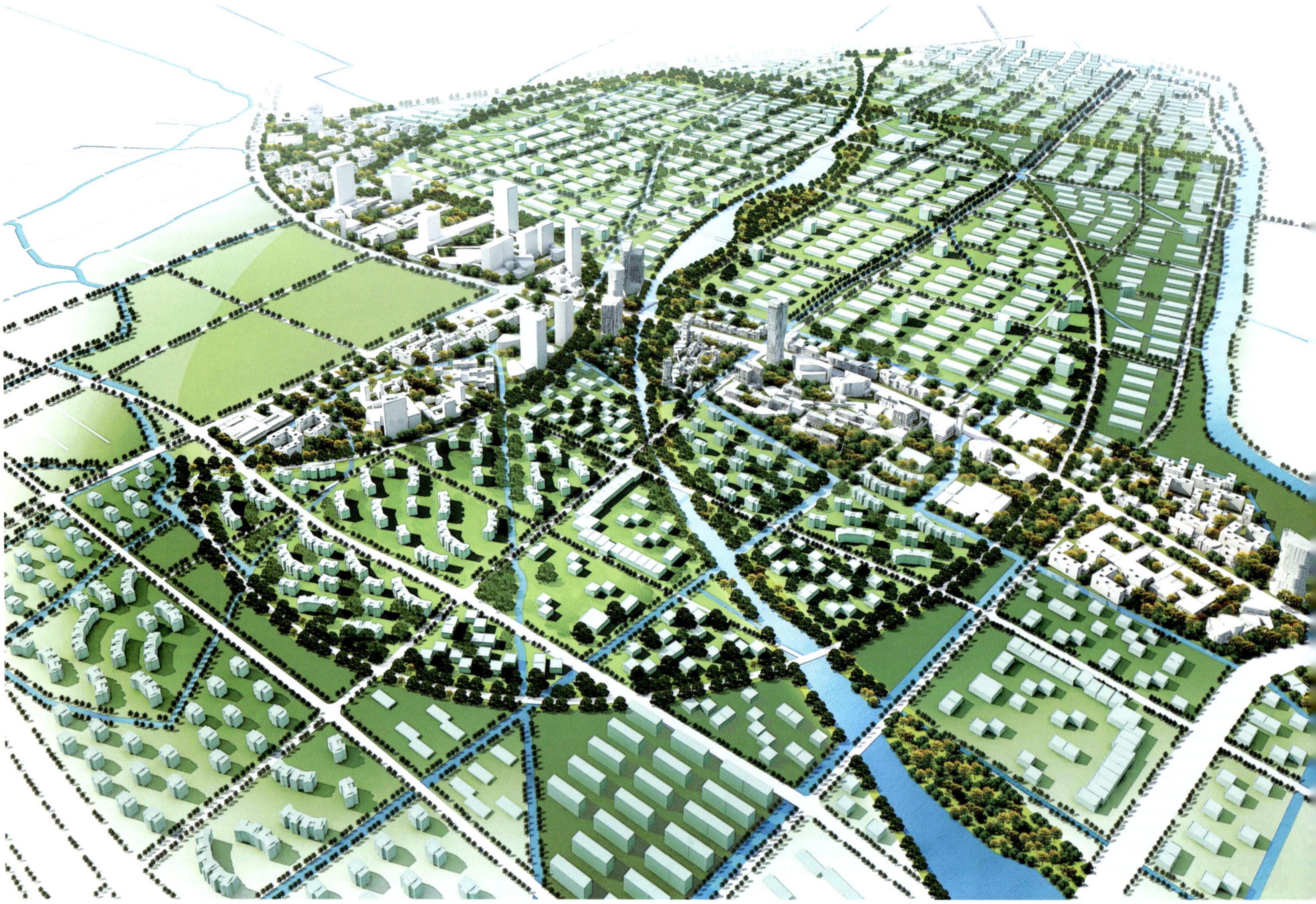

项目名称：宁波法国工业园
绘图单位：北京龙安华诚建筑设计有限公司

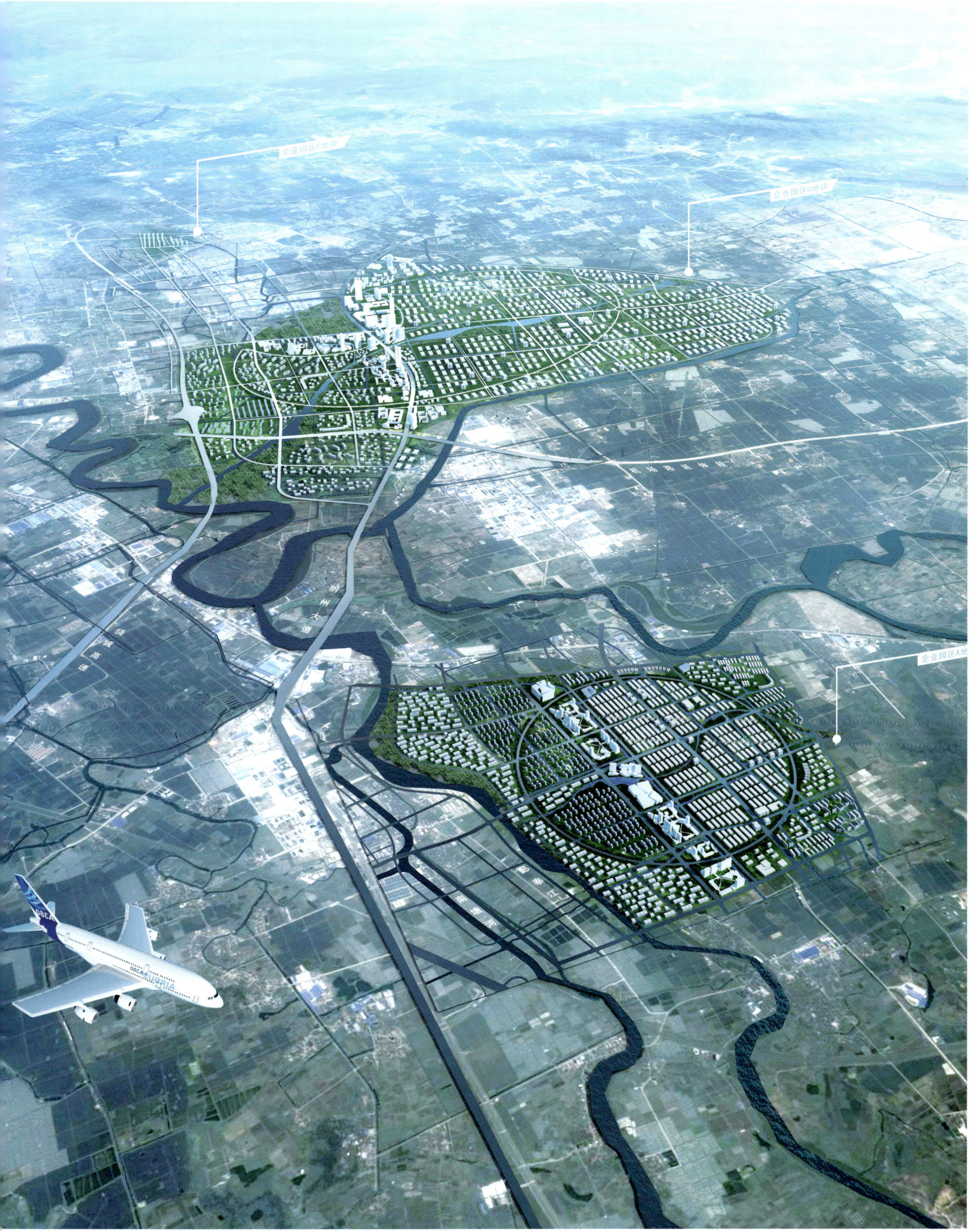
企业园区C地块
企业园区B地块
企业园区A地

项目名称：山东华春健康城
绘图单位：北京龙安华诚建筑设计有限公司

1

1

.1 项目名称：某项目
绘图单位：北京清宇宏图建筑设计有限公司
设计单位：清华规划院

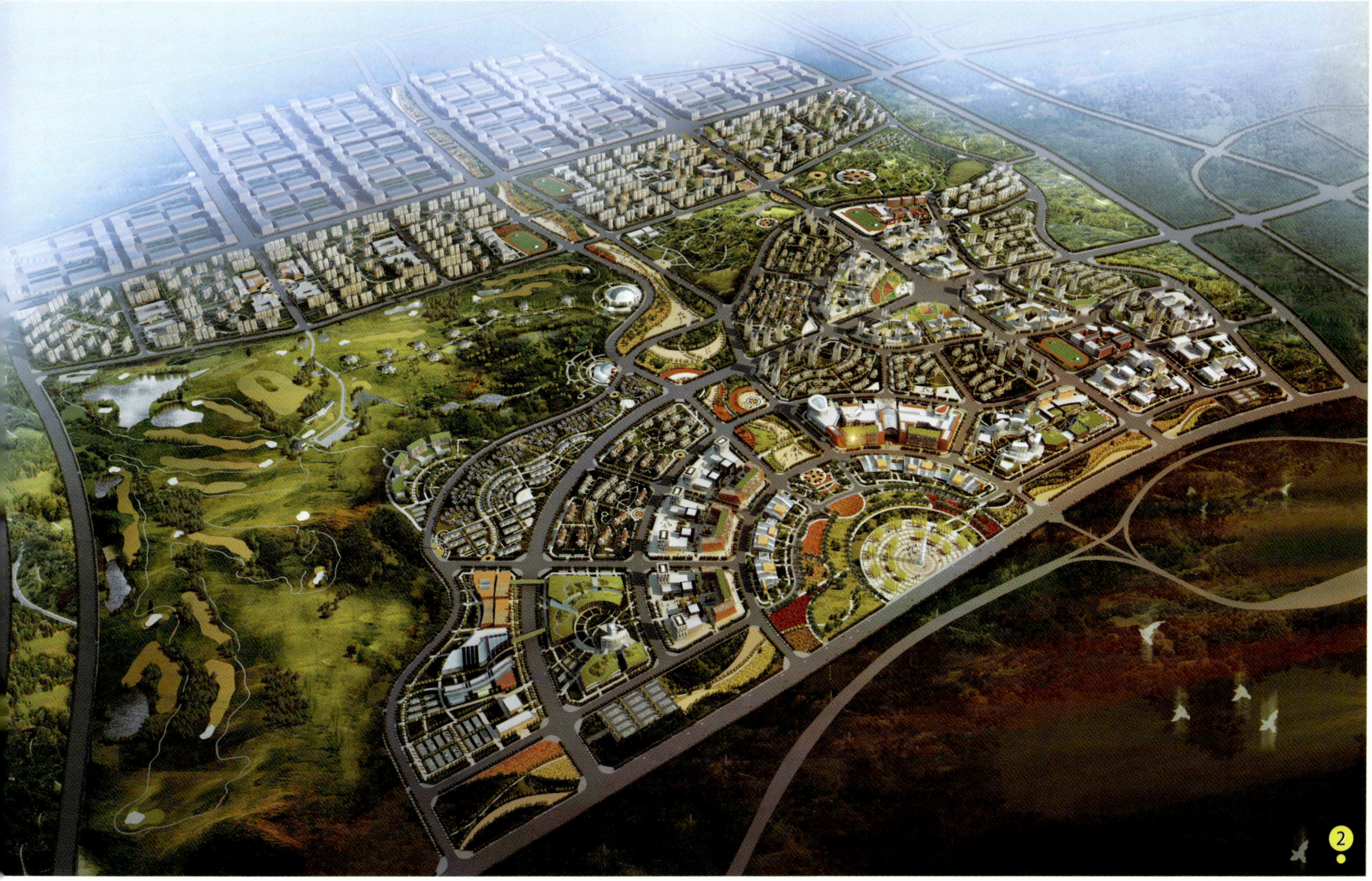

.2 项目名称：鄂尔多斯规划
绘图单位：北京清宇宏图建筑设计有限公司
设计单位：清华规划院

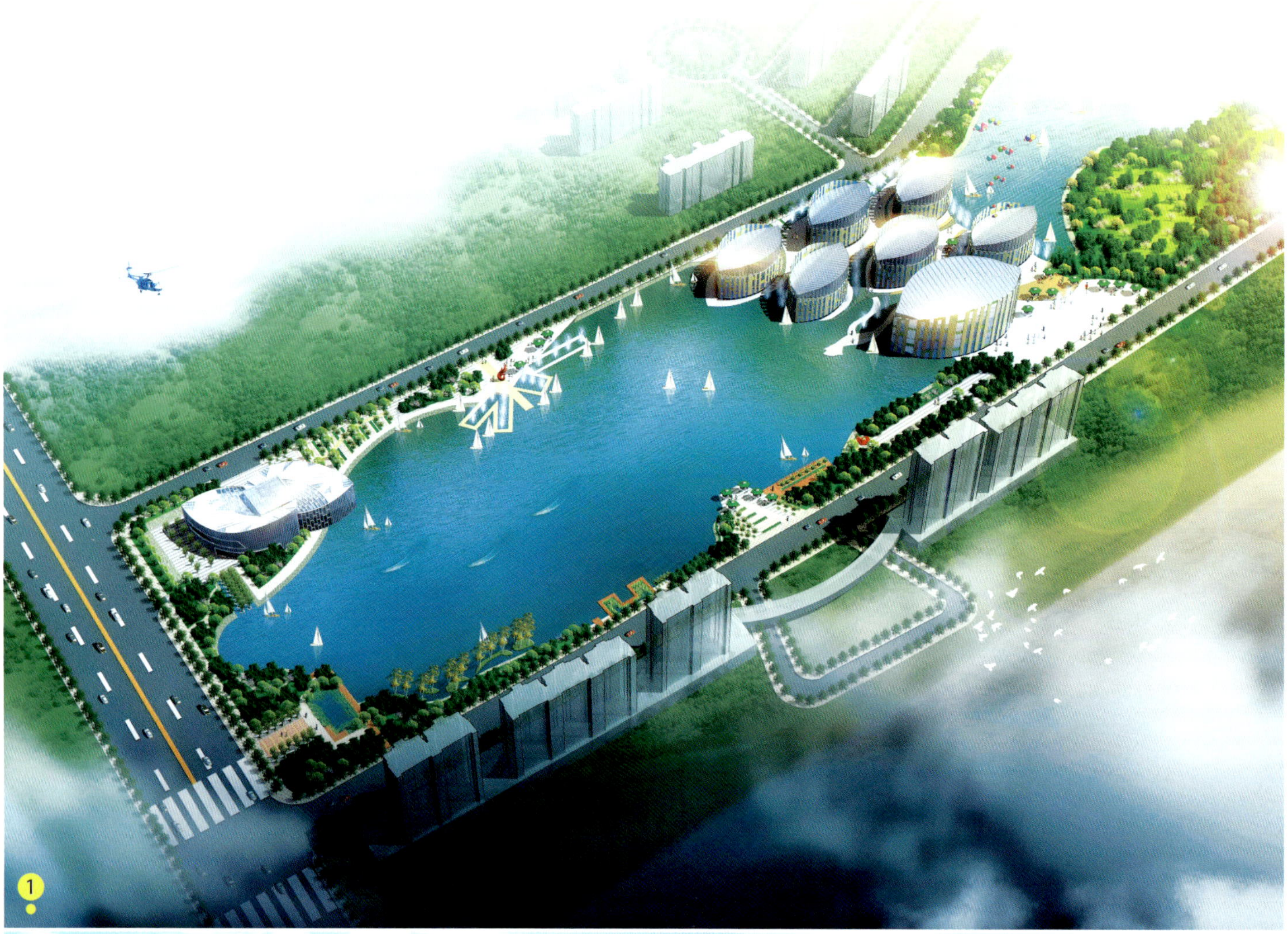

.1 项目名称：镜湖规划
绘图单位：哈尔滨源创图文设计有限公司
设计单位：北京北美兄弟管理顾问有限公司

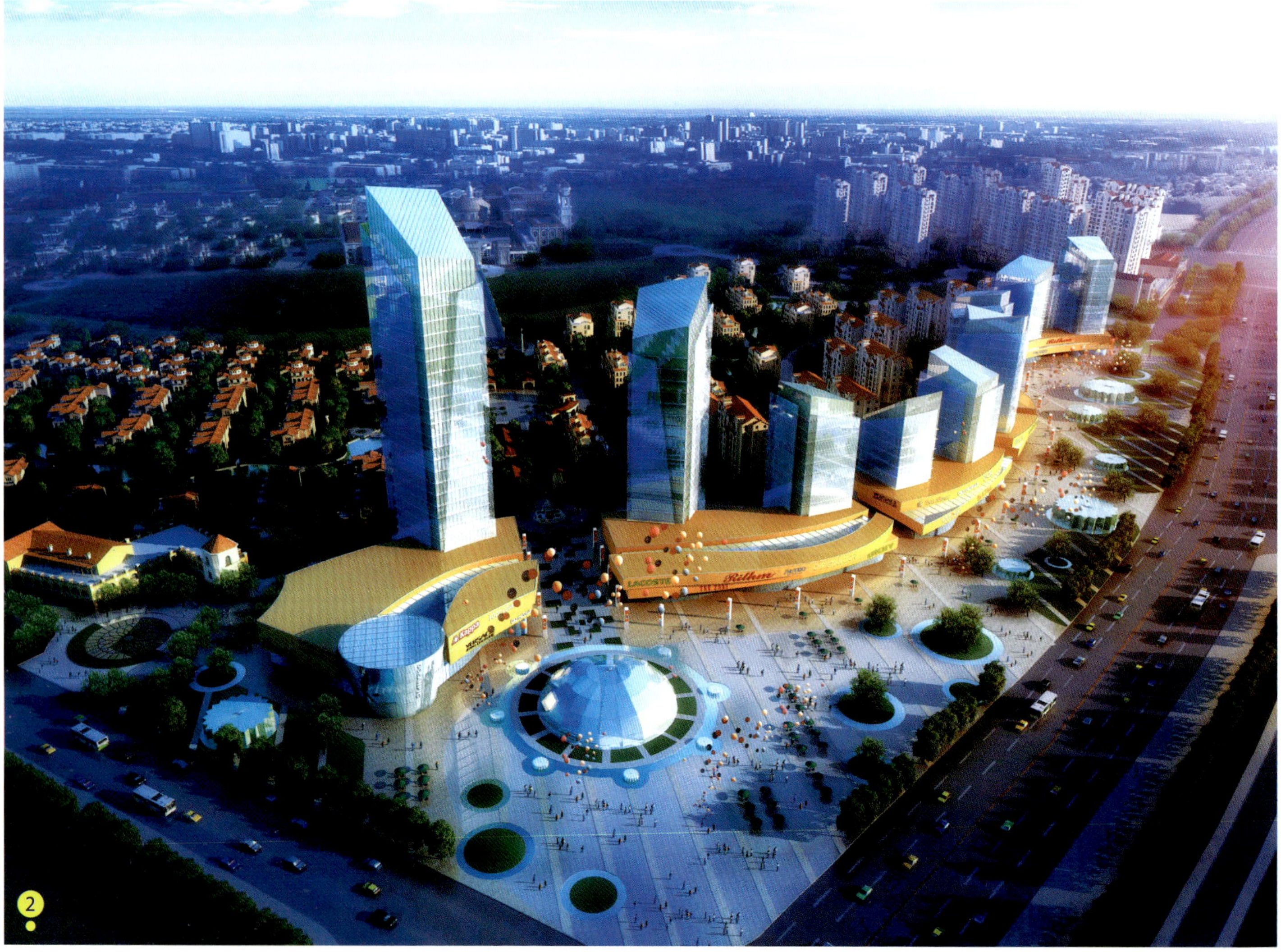

.2 项目名称：鄂尔多斯奥古斯都规划
绘图单位：北京屹巅时代建筑艺术设计有限公司

3 项目名称：张家界规划
绘图单位：长沙市东韵环境设计咨询有限公司
设计单位：圆周率工作室

项目名称：湘潭某规划
绘图单位：长沙市大涵设计咨询有限公司
设计单位：长沙市规划设计院

项目名称：湘潭某规划
绘图单位：长沙市大涵设计咨询有限公司
设计单位：长沙市规划设计院

项目名称：湘潭某规划
绘图单位：长沙市大涵设计咨询有限公司
设计单位：长沙市规划设计院

1 项目名称：湘潭某规划
绘图单位：长沙市大涵设计咨询有限公司
设计单位：长沙市规划设计院

2 项目名称：杭州城北影视基地
绘图单位：杭州博凡数码影像设计有限公司
设计单位：中国联合工程公司

1

.1 项目名称：西客站片区规划
绘图单位：济南雅色广告传媒有限公司
设计单位：济南市政设计院

.2 项目名称：某规划
绘图单位：深圳水木

SONY

项目名称：天津响螺湾项目规划
绘图单位：天津水木境天数字图像设计事务所有限公司
设计单位：天津大学建筑设计院

项目名称：天津响螺湾项目规划
绘图单位：天津水木境天数字图像设计事务所有限公司
设计单位：天津大学建筑设计院

1

2

.1 项目名称：乌达规划
绘图单位：黑龙江省经纬海方文化传播有限公司
设计单位：黑龙江农垦方圆城市规划设计有限公司

.2 项目名称：哈西火车站规划
绘图单位：黑龙江省三人行建筑设计有限公司
设计单位：哈市城乡规划设计院

2

项目名称：柘城规划
绘图单位：郑州指南针视觉艺术设计有限公司
设计单位：中国城市建设研究院河南分院

1

2

2

.1 项目名称：某规划
绘图单位：巨林
设计单位：南京金海设计工程公司

.2 项目名称：增城规划
绘图单位：深圳水木
设计单位：深圳规划院

CULTURE

PLANNING LANDSCAPE

城市设计

Urban Design

项目名称：某项目
绘图单位：北京力天华盛建筑设计咨询有限责任公司
设计单位：圣帝国际建筑工程有限公司

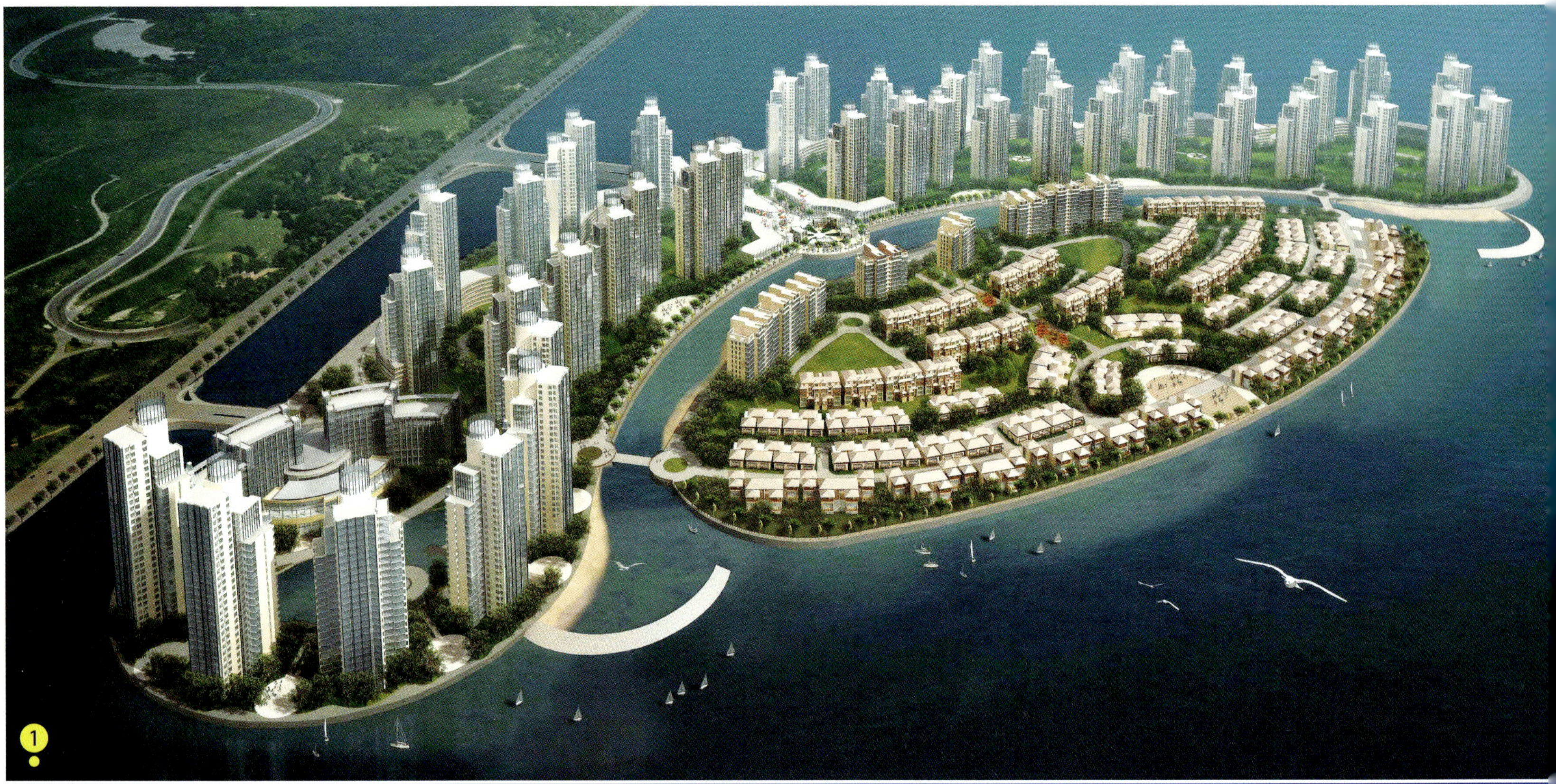

.1 项目名称：某项目
绘图单位：北京力天华盛建筑设计咨询有限责任公司
设计单位：圣帝国际建筑工程有限公司

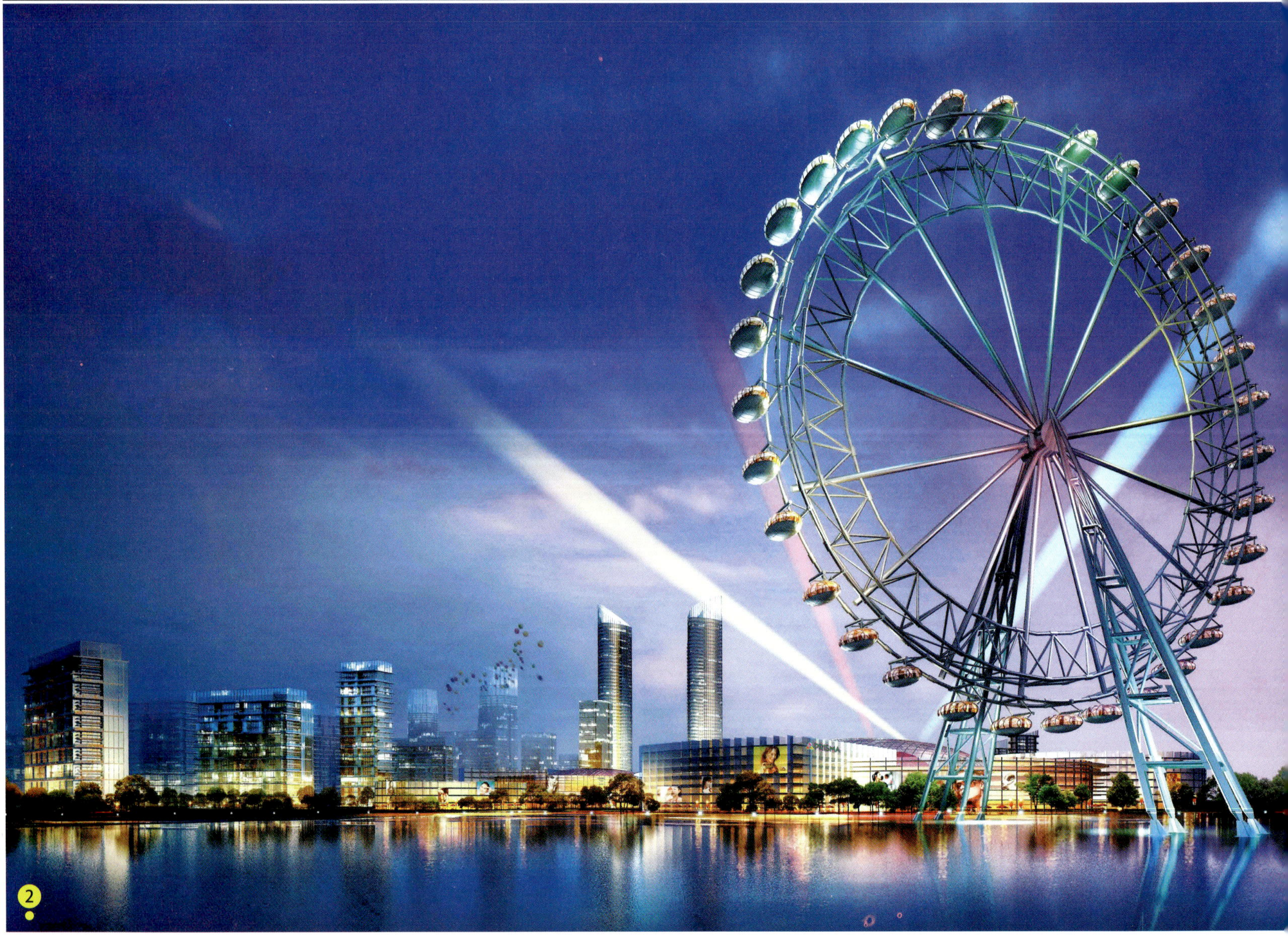

.2 项目名称：哈尔滨规划
绘图单位：上海思坦德建筑装饰工程有限公司

2

1 项目名称：某项目
绘图单位：广州金龙图文设计有限公司

2 项目名称：某项目
绘图单位：北京力天华盛建筑设计咨询有限责任公司
设计单位：圣帝国际建筑工程有限公司

3

3

3 项目名称：锦州地块概念方案设计
绘图单位：上海三藏环境艺术设计有限公司
设计单位：联创国际

.1 项目名称：从化规划
绘图单位：广州金龙图文设计有限公司

.2 项目名称：南宁裕通
绘图单位：广州金龙图文设计有限公司

1

2

3

.1 项目名称：无锡物联网规划
绘图单位：无锡市艺派图文设计工作室
设计单位：无锡市规划设计研究院

.2 项目名称：某项目
绘图单位：哈尔滨三力
设计单位：哈尔滨工业大学创研院

.3 项目名称：滕州墨子大道
绘图单位：杭州博凡数码影像设计有限公司
设计单位：中国美术学院风景建筑设计研究院

项目名称：上饶城市中心区
绘图单位：杭州博凡数码影像设计有限公司
设计单位：汉嘉设计集团股份有限公司

1

2

3

3

.1 项目名称：杭州华丰地块
绘图单位：杭州丰秾建筑景观设计有限公司
设计单位：浙江大学

.2 项目名称：某项目
绘图单位：苏州三千世纪

.3 项目名称：重庆弹子石
绘图单位：深圳水木
设计单位：LWK(HK)

项目名称：杨浦区滨江概念城市设计
绘图单位：上海鸿冰数码科技有限公司
设计单位：上海合乐工程咨询有限公司

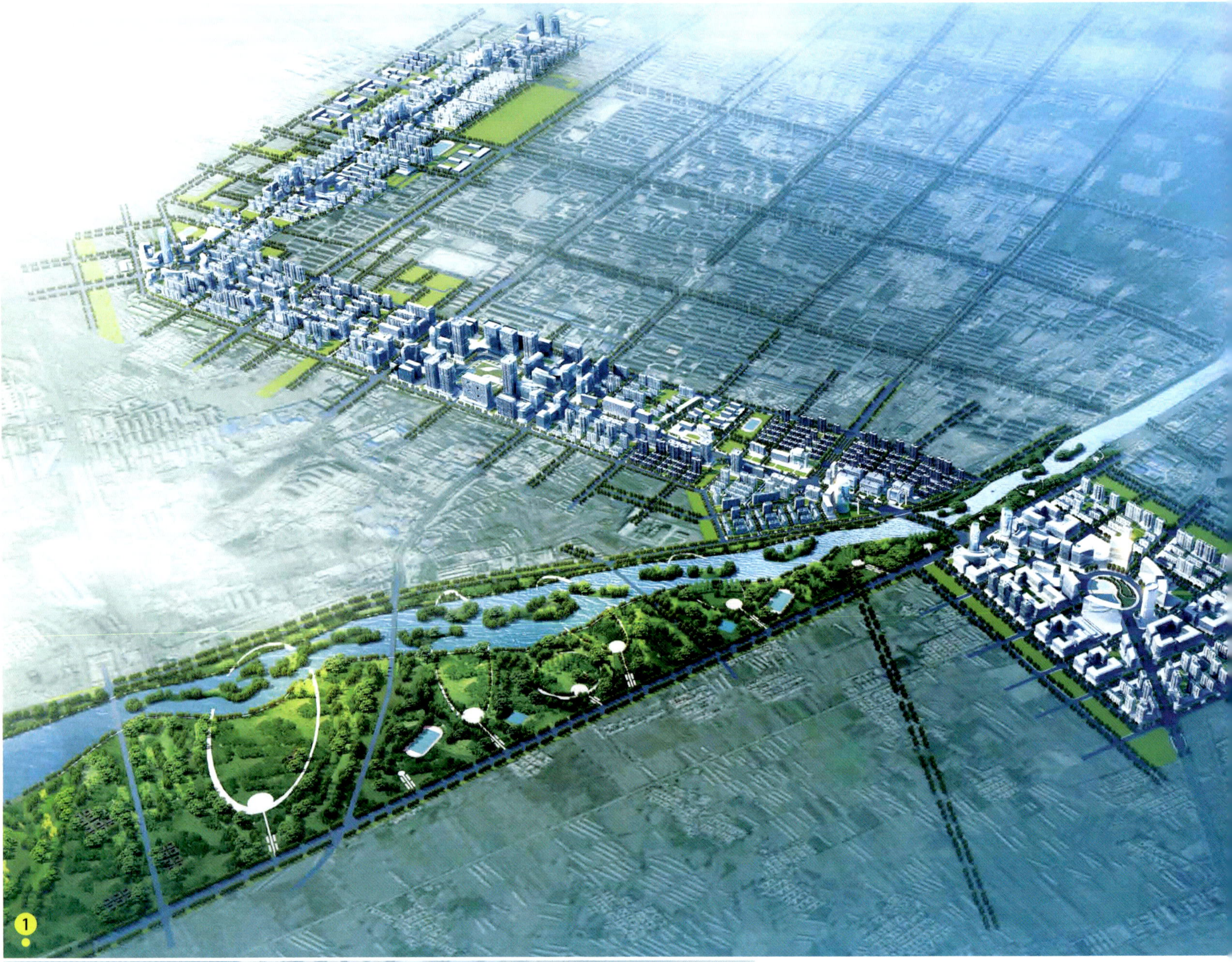

1 项目名称：甘肃规划
绘图单位：上海三藏环境艺术设计有限公司
设计单位：盛耐杰设计

2 项目名称：纽斯凯威城市设计
绘图单位：上海艺道

项目名称：河南通许城市设计三区块
绘图单位：上海艺道

.1 项目名称：河南通许城市设计三区块
绘图单位：上海艺道

.2 项目名称：衢江地块
绘图单位：上海域言建筑设计咨询有限公司
设计单位：上海吾得斯安建筑设计公司

2

2

项目名称：某项目
绘图单位：上海艺筑图文设计有限公司
设计单位：上海海珠建筑工程设计有限公司

项目名称：某项目
绘图单位：上海艺筑图文设计有限公司
设计单位：上海海珠建筑工程设计有限公司

1

2

.1 项目名称：安徽淮上中心区规划
绘图单位：深圳市朗形数码影像传播有限公司
设计单位：爱普斯顿国际投资项目顾问（深圳）有限公司

.2 项目名称：渤海新区城市设计
绘图单位：深圳市朗形数码影像传播有限公司
设计单位：深圳市阿特森泛华环境艺术设计有限公司

2

2

项目名称：佛山市东平新城中央商务区规划
绘图单位：深圳市朗形数码影像传播有限公司
设计单位：香港UDI国际城市设计有限公司

项目名称：溧阳市体育公园周边地区城市设计
绘图单位：无锡市艺派图文设计工作室
设计单位：无锡市规划设计研究院

CULTURE PLANNING LANDSCAPE

规划设计

Planning Design

项目名称：合肥工大北区规划
绘图单位：安徽东方石图像文化

①

②

.1 项目名称：石景山中心区南区A地块
绘图单位：大千视觉（北京）数码科技有限公司
设计单位：清华大学建筑设计研究院

.2 项目名称：成都大慈寺D1地塊規划設計
绘图单位：深圳市朗形数码影像传播有限公司
设计单位：香港欧华尔顾问公司

3 项目名称：河北大厂潮白新城规划
绘图单位：上海三藏环境艺术设计有限公司
设计单位：联创国际

项目名称：某项目
绘图单位：北京海岸天数码科技发展有限公司

.1 项目名称：某项目
绘图单位：北京力天华盛建筑设计咨询有限责任公司
设计单位：北京维思平建筑设计咨询有限公司

.2 项目名称：绍兴市商城规划
绘图单位：杭州丰耘建筑景观设计有限公司
设计单位：浙江大学

1

2

1

1

2

2

.1 项目名称：梅溪湖概念性规划
绘图单位：长沙市东韵环境设计咨询有限公司
设计单位：湖南省建筑设计院五所

.2 项目名称：南京高淳固城湖大酒店建筑设计方案
绘图单位：无锡市艺派图文设计工作室
设计单位：无锡市天源建筑设计事务所

1

2

.1 项目名称：东港D16D17H17H02地块设计规划
绘图单位：大连景熙建筑绘画设计有限公司
设计单位：大连一方集团

.2 项目名称：东港G05G04G02地块设计规划
绘图单位：大连景熙建筑绘画设计有限公司
设计单位：中国建筑东北设计研究院 王雷

3 项目名称：某项目
绘图单位：大千视觉（北京）数码科技有限公司
设计单位：清华规划院

1

2

2

.1 项目名称：竹博园
绘图单位：杭州博凡数码影像设计有限公司
设计单位：中国美术学院风景建筑设计研究院

.2 项目名称：中国海油北帕斯天然气液化项目
绘图单位：三川时代数字图像工作室
设计单位：中国建筑科学研究院

项目名称：海南棋子湾
绘图单位：上海艺筑图文设计有限公司
设计单位：中联程泰宁建筑设计研究院

项目名称：海南棋子湾
绘图单位：上海艺筑图文设计有限公司
设计单位：中联程泰宁建筑设计研究院

项目名称：河南新乡云龙山文化产业园设计
绘图单位：深圳市朗形数码影像传播有限公司

项目名称：深圳机场开发区项目
绘图单位：深圳市朗形数码影像传播有限公司
设计单位：法国欧博建筑与规划设计公司深圳代表处

项目名称：江油工业园配套服务区规划设计
绘图单位：四川绵阳市瀚影建筑图像设计有限公司
设计单位：四川原境建筑设计有限公司

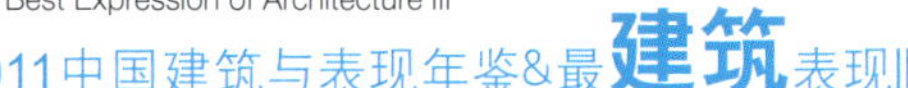

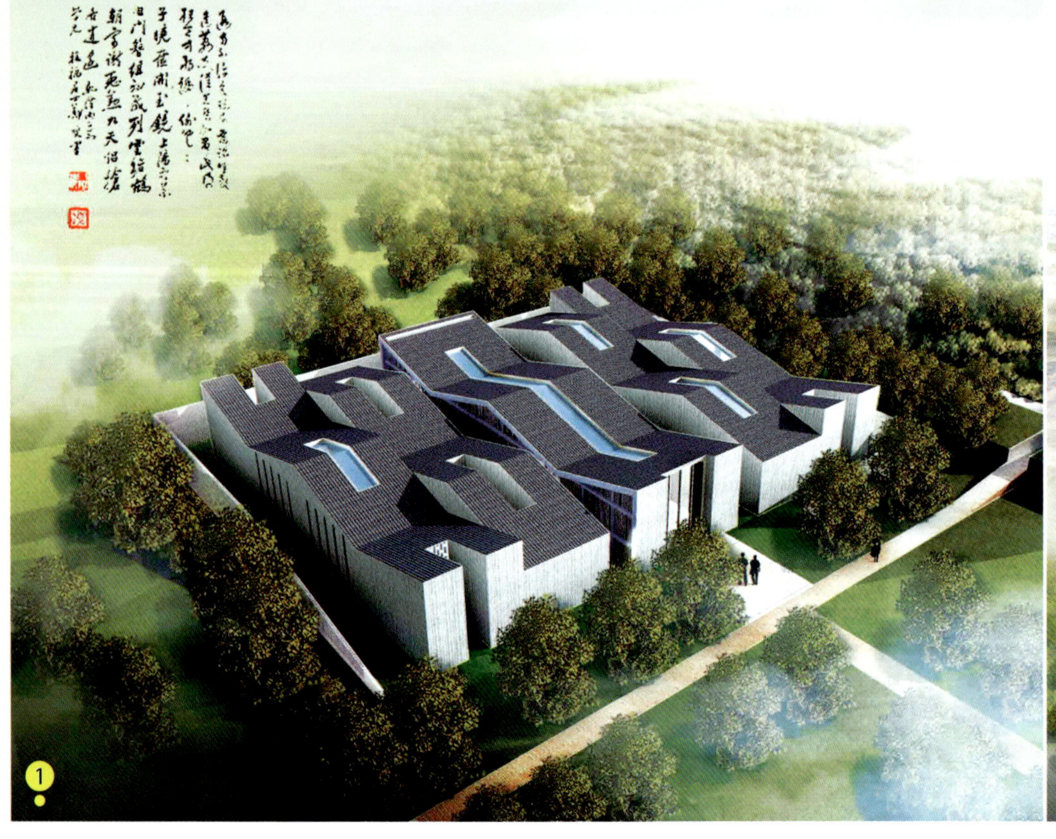

1 项目名称：某项目
绘图单位：西安创景建筑景观设计
设计单位：西安建筑科技大学建筑设计研究院

2 项目名称：某项目
绘图单位：西安创景建筑景观设计

3

3

3 项目名称：高新区服务商业
绘图单位：成都亿点数码艺术设计有限公司
设计单位：成都协合行川建筑设计事务所有限责任公司

1

2

1 项目名称：某地铁规划
绘图单位：无锡市艺派图文设计工作室

2 项目名称：宜兴东氿规划
绘图单位：无锡市艺派图文设计工作室
设计单位：无锡市规划设计研究院

3 项目名称：建湖火车站前广场规划设计方案
绘图单位：无锡市艺派图文设计工作室
设计单位：扬州市建筑设计研究院有限公司

项目名称：宜兴国家环保产业基地
绘图单位：无锡市艺派图文设计工作室
设计单位：无锡市规划设计研究院

项目名称：宜兴国家环保产业基地
绘图单位：无锡市艺派图文设计工作室
设计单位：无锡市规划设计研究院

.1 项目名称：秦文化主题公园
绘图单位：西安创景建筑景观设计

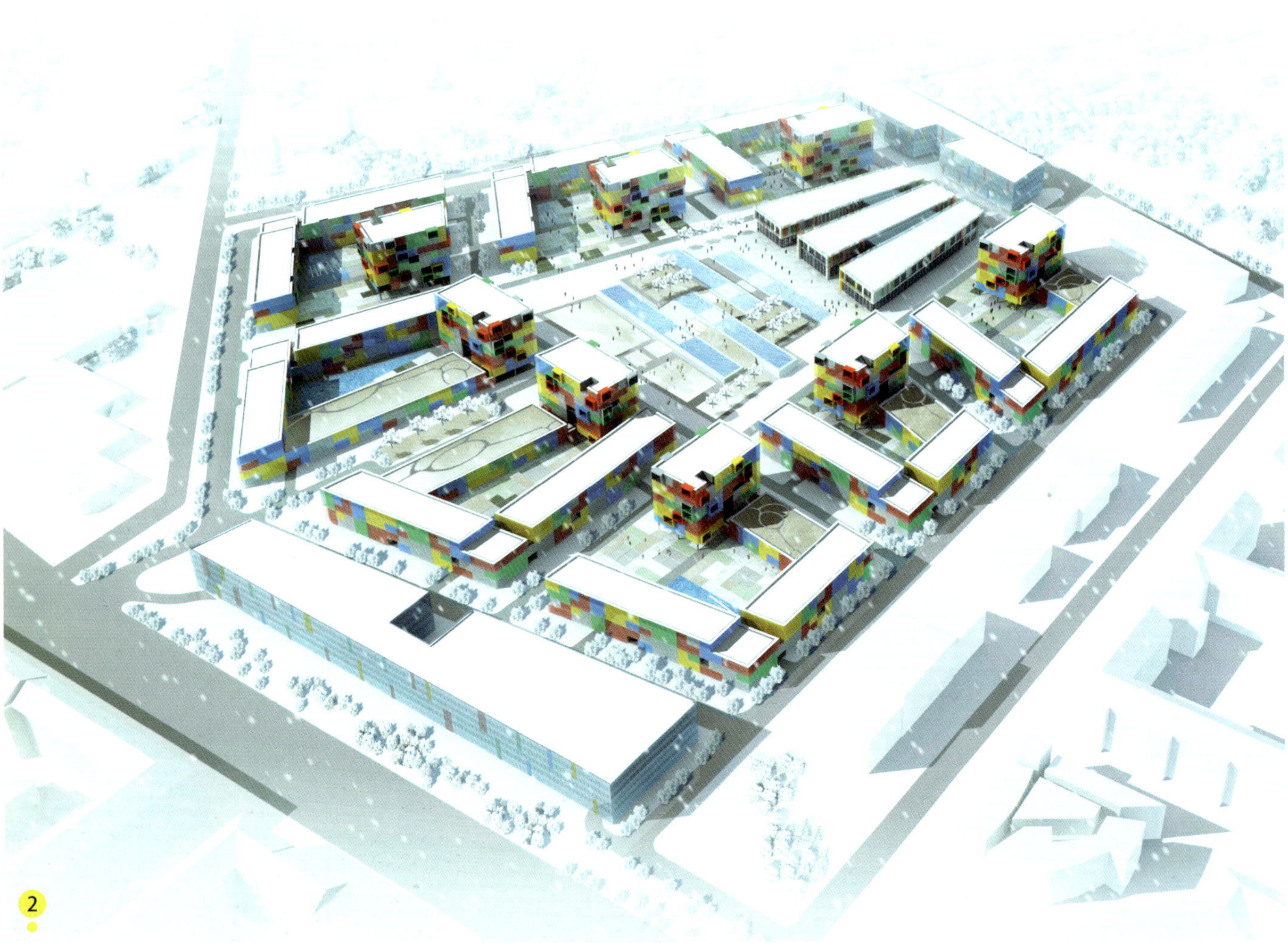

.2 项目名称：慕尼黑奥林匹克公园
绘图单位：天津天唐筑景建筑设计咨询有限公司
设计单位：德国沃尔夫

.3 项目名称：营口项目
绘图单位：北京回形针图像设计有限公司
设计单位：中国中建设计集团有限公司

3

CULTURE

PLANNING LANDSCAPE

住宅规划

Residential Planning

项目名称：某项目
绘图单位：北京海岸天数码科技发展有限公司

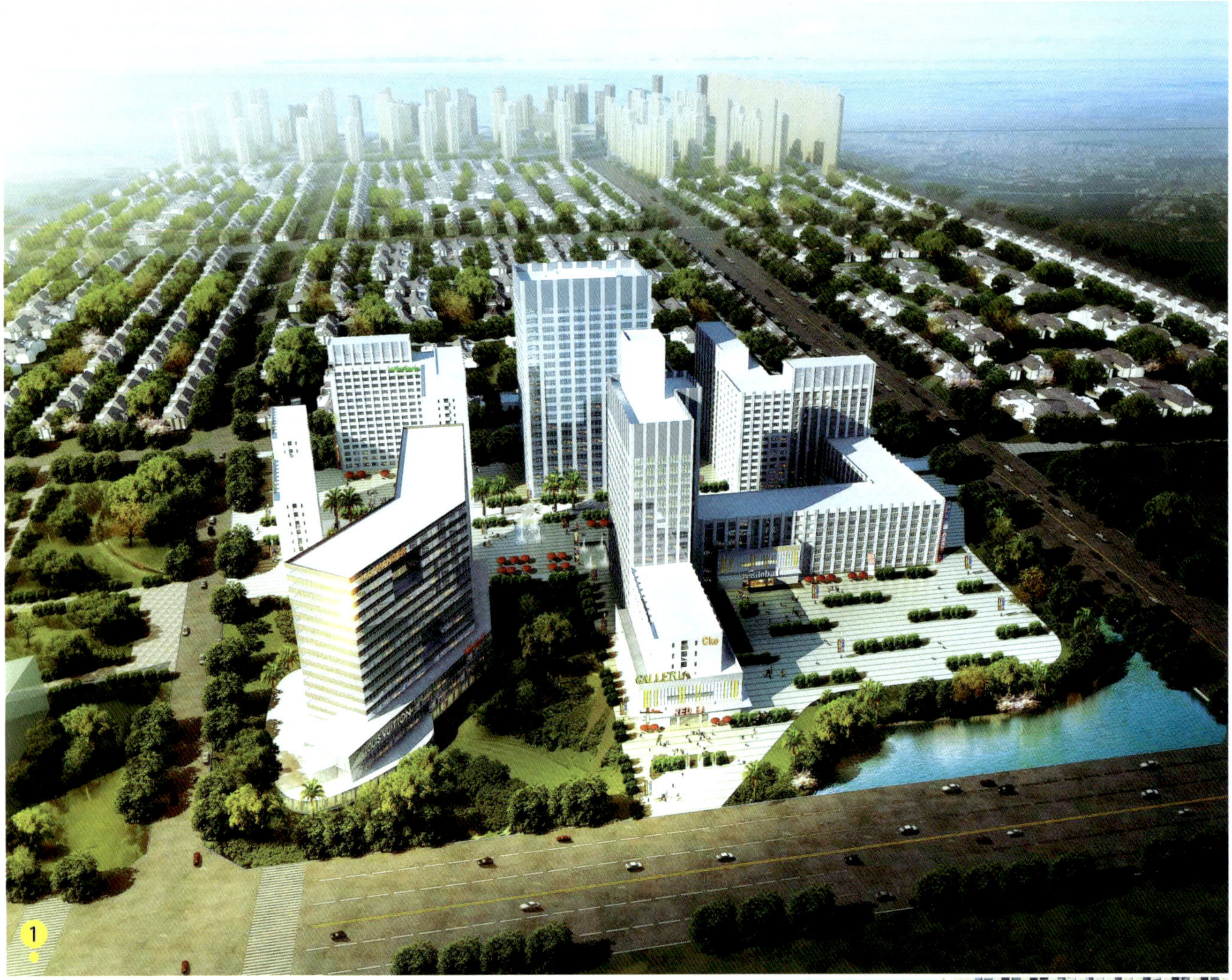
GALLERIA

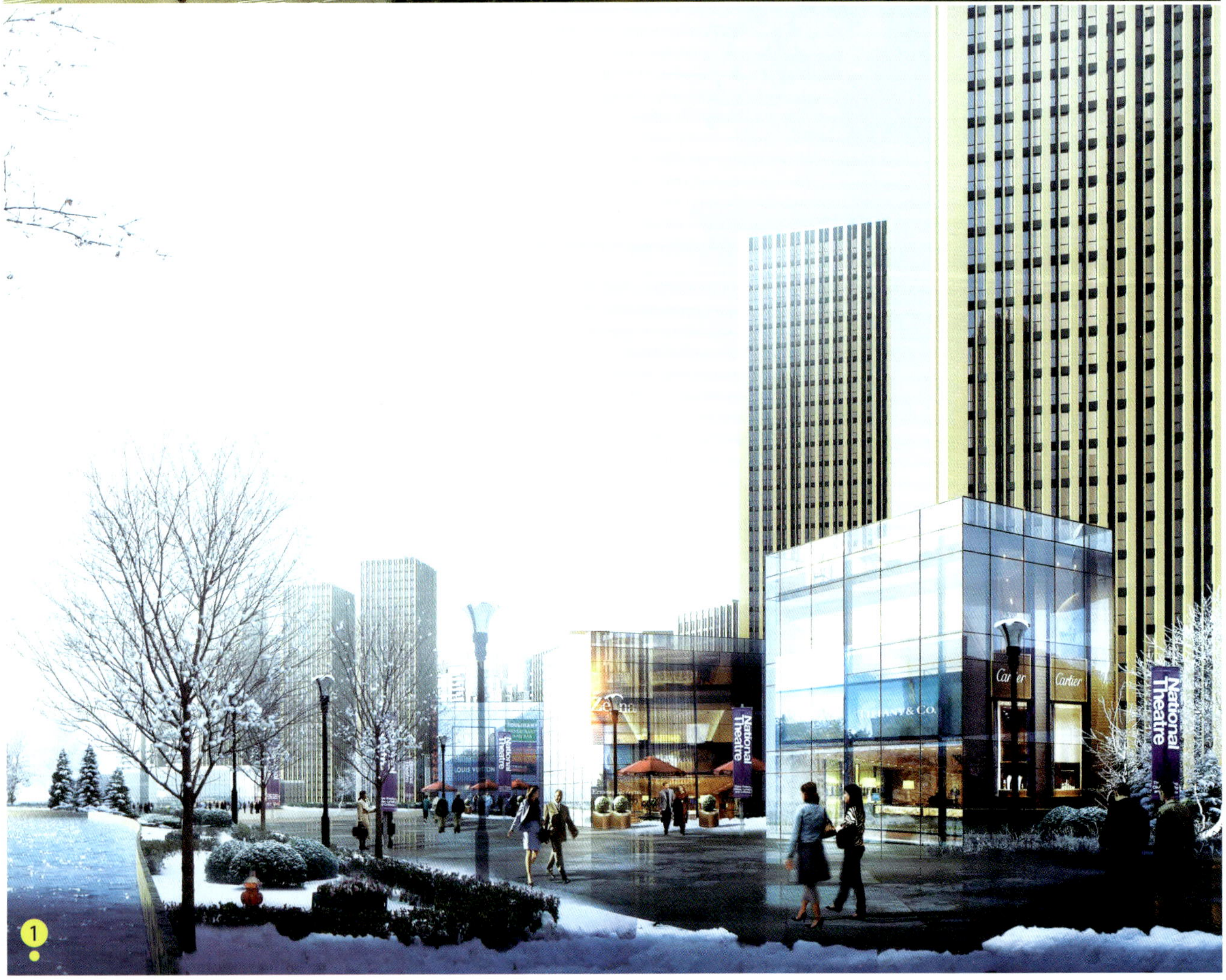
National Theatre
Cartier
Cartier
National Theatre

2

1 项目名称：潮白河项目
绘图单位：上海三藏环境艺术设计有限公司
设计单位：联创国际

2 项目名称：海南海温泉花园
绘图单位：上海千暮数码科技有限公司
设计单位：上海柏恩建筑设计有限公司

1

1

1 项目名称：承德大石庙地块住宅规划方案
绘图单位：北京鼎天筑图建筑设计咨询中心
设计单位：华优建筑设计院

2 项目名称：潮白河项目
绘图单位：上海三藏环境艺术设计有限公司
设计单位：联创国际

1

1

1 项目名称：别墅规划
绘图单位：北京清宇宏图建筑设计有限公司

2 项目名称：辽宁营口红旗镇规划
绘图单位：北京回形针图像设计有限公司
设计单位：李昂、刘鹏

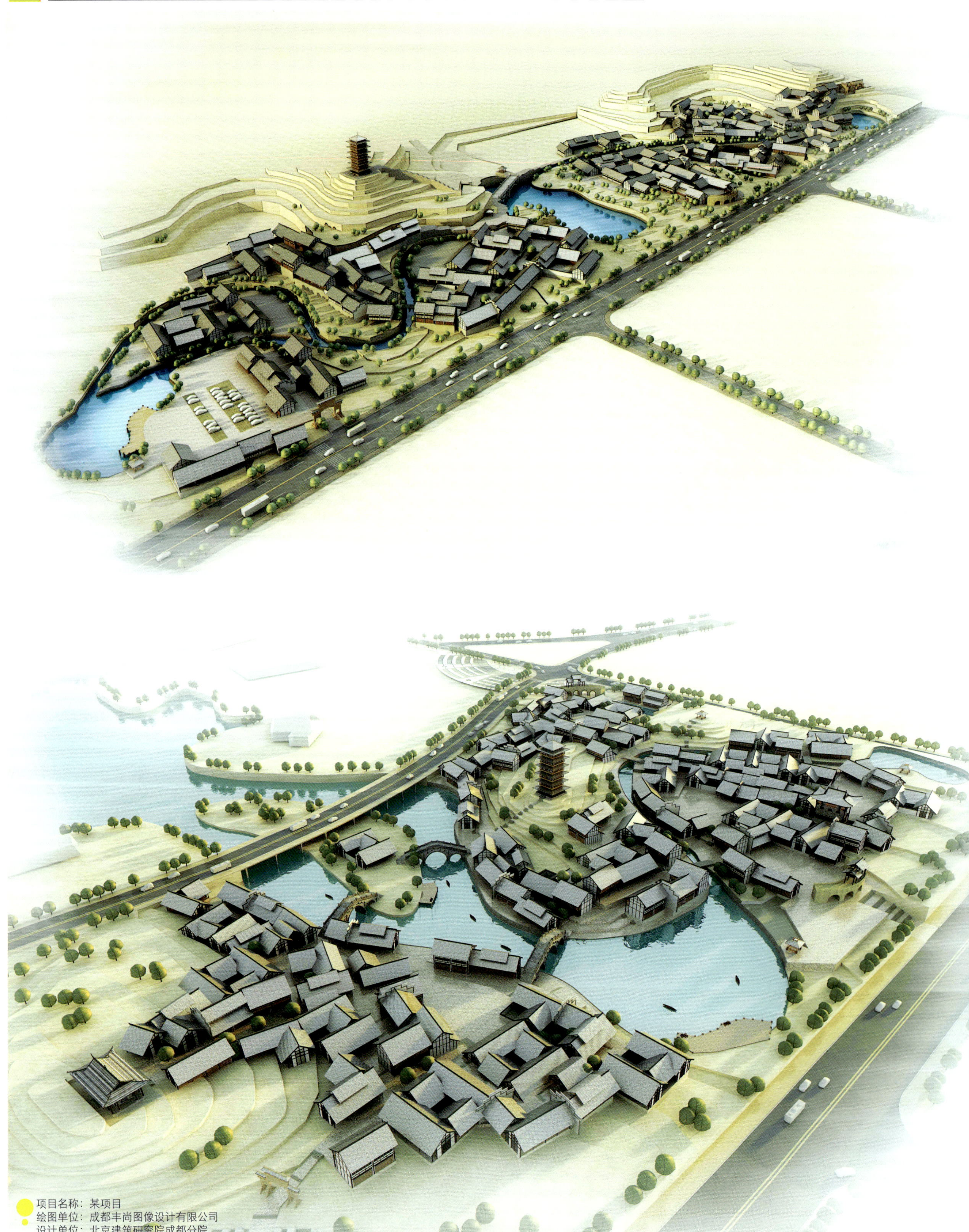

项目名称：某项目
绘图单位：成都丰尚图像设计有限公司
设计单位：北京建筑研究院成都分院

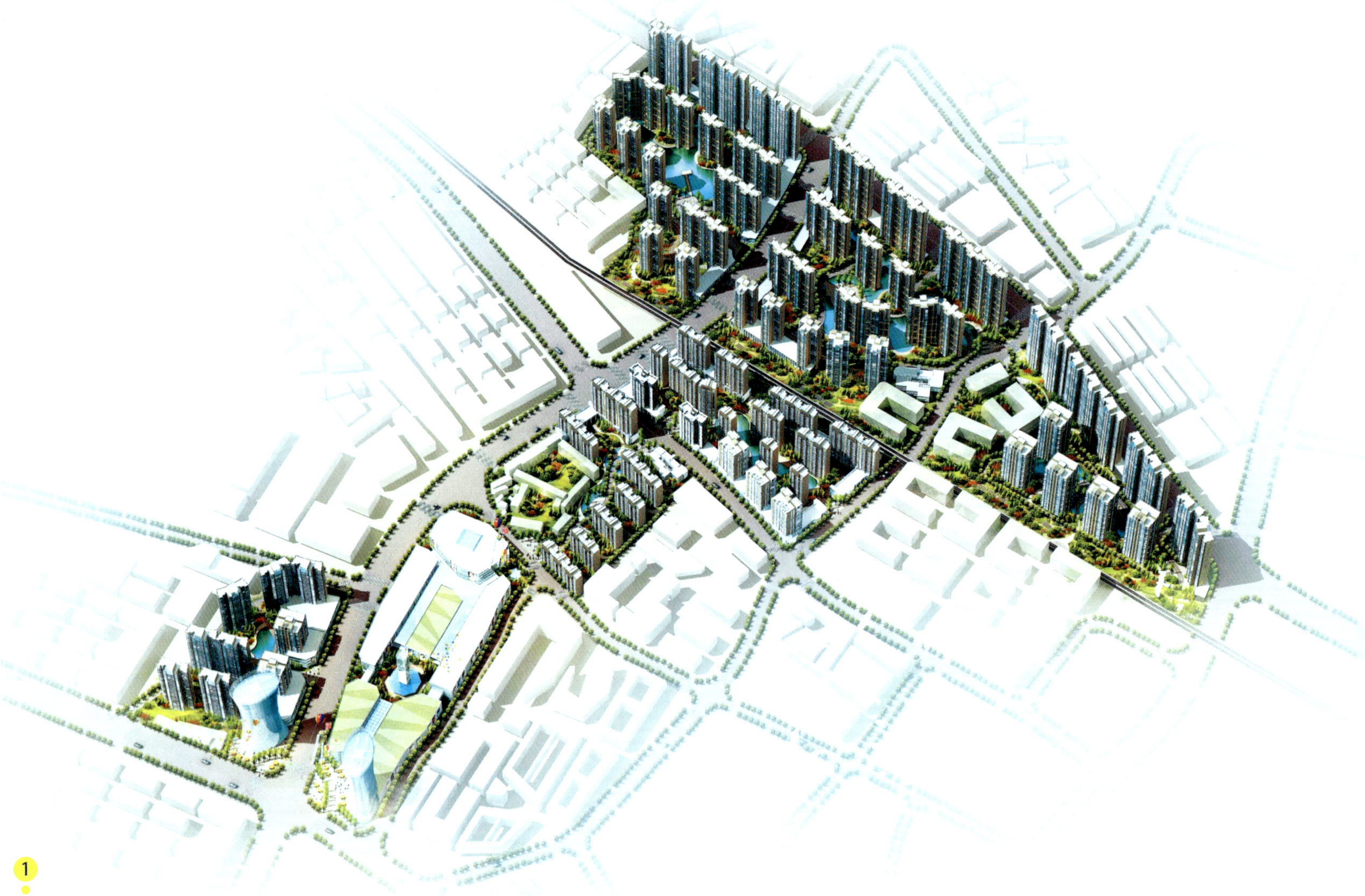

1

1

1 项目名称：某规划
绘图单位：成都市亿点数码艺术设计有限公司（昆明分公司）
设计单位：云南省设计院

2

3

.2 项目名称：宜良乡鸭湖
绘图单位：成都市亿点数码艺术设计有限公司（昆明分公司）
设计单位：云南省设计院

.3 项目名称：某项目
绘图单位：成都亿点数码艺术设计有限公司
设计单位：成都万汇建筑设计有限公司

1

2

3

4

1 项目名称：惠东城南新区A块
绘图单位：广州金龙图文设计有限公司

2 项目名称：某项目
绘图单位：大千视觉（北京）数码科技有限公司
设计单位：清规院

3 项目名称：某项目
绘图单位：杭州地衣建筑设计表现有限公司
设计单位：浙江省建工建筑设计院有限公司

4 项目名称：一面坡商住区
绘图单位：哈尔滨源创图文设计有限公司
设计单位：黑龙江建工建筑设计研究院

项目名称：某项目
绘图单位：上海艺筑图文设计有限公司
设计单位：上海泛太建筑设计有限公司

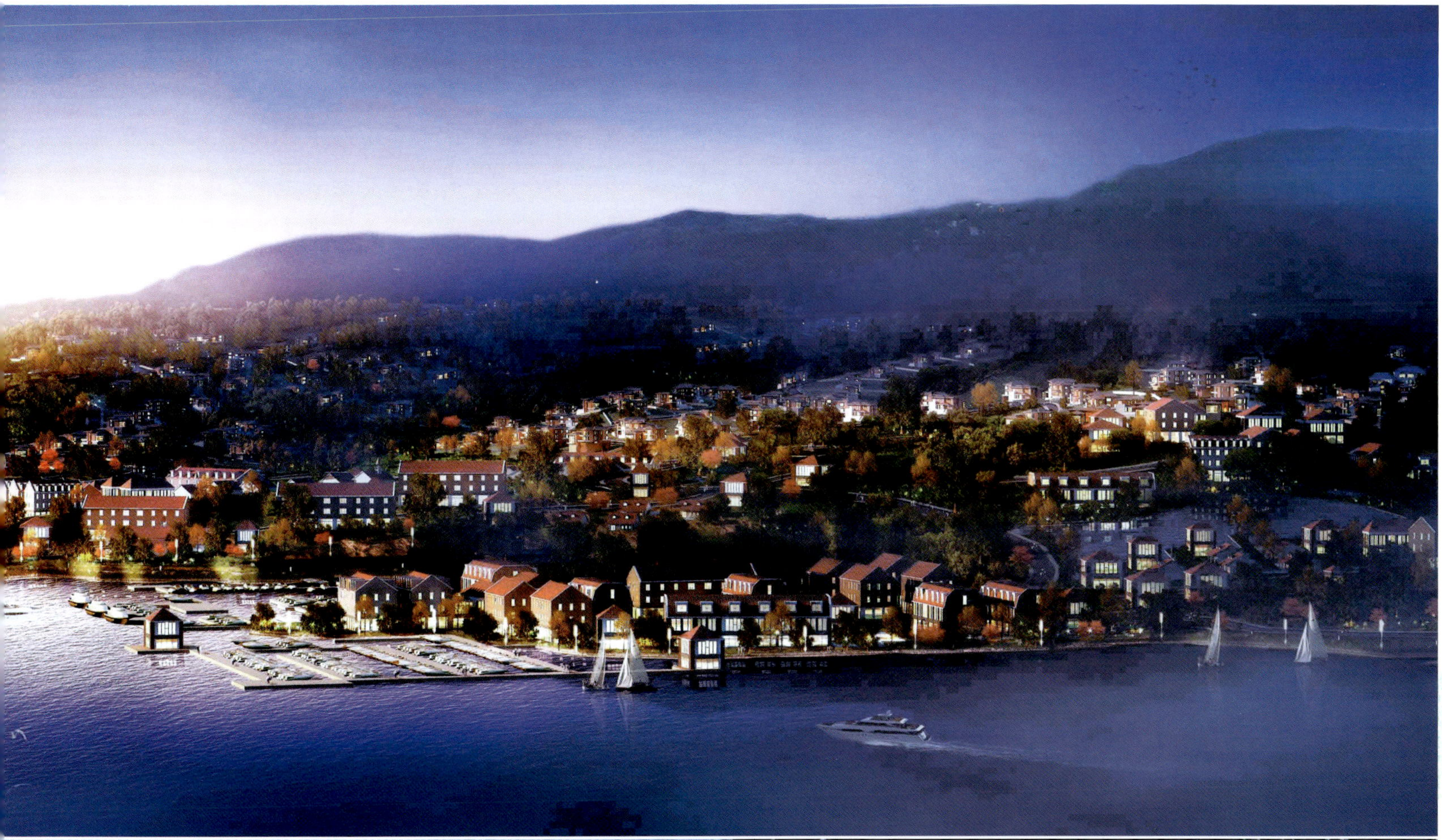

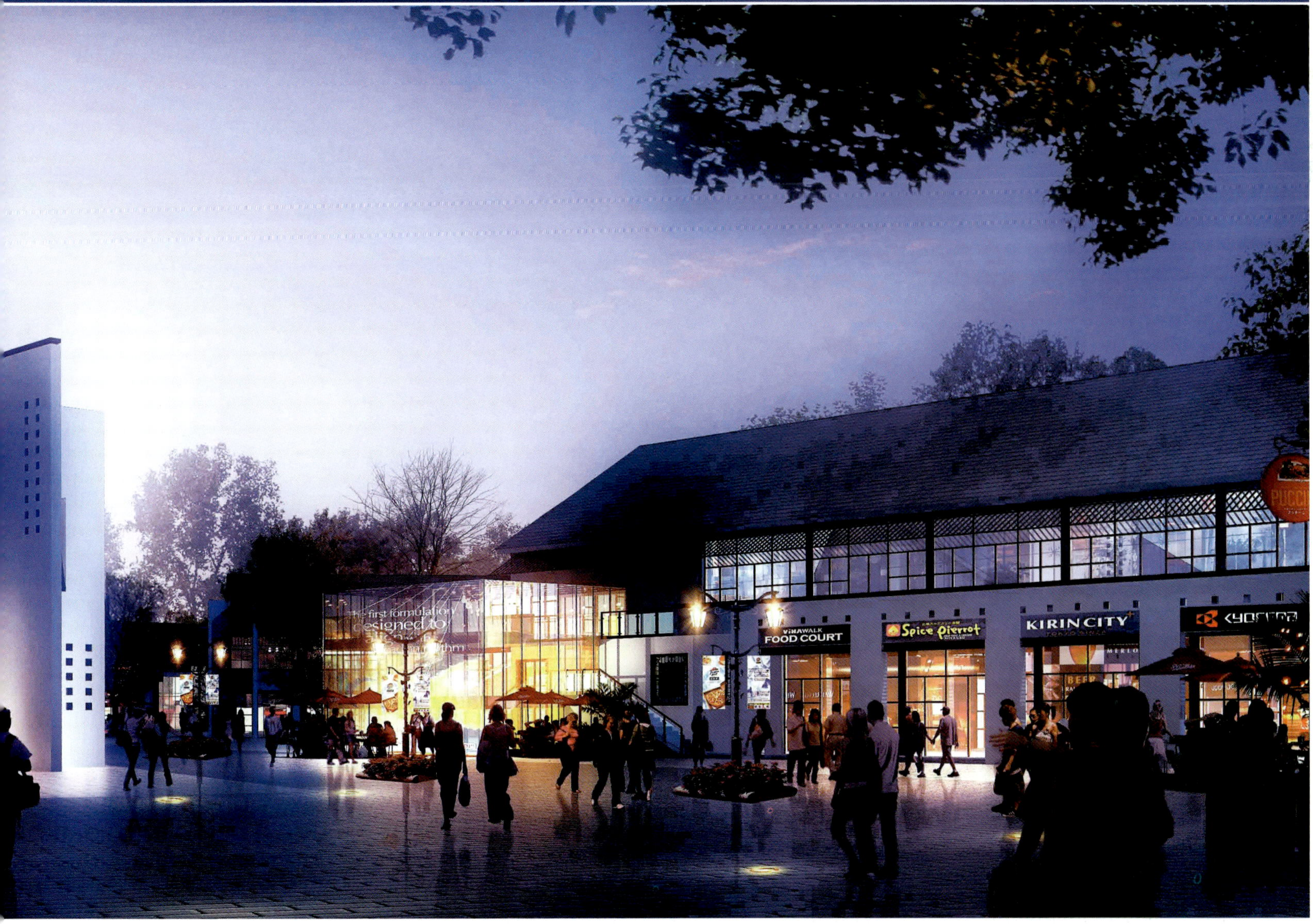
FOOD COURT
Spice Pierrot
KIRIN CITY

.1 项目名称：湖南某规划
绘图单位：长沙一川数字科技有限公司
设计单位：长沙市规划设计院有限责任公司

.2 项目名称：泸州华阳乡规划
绘图单位：上海艺道

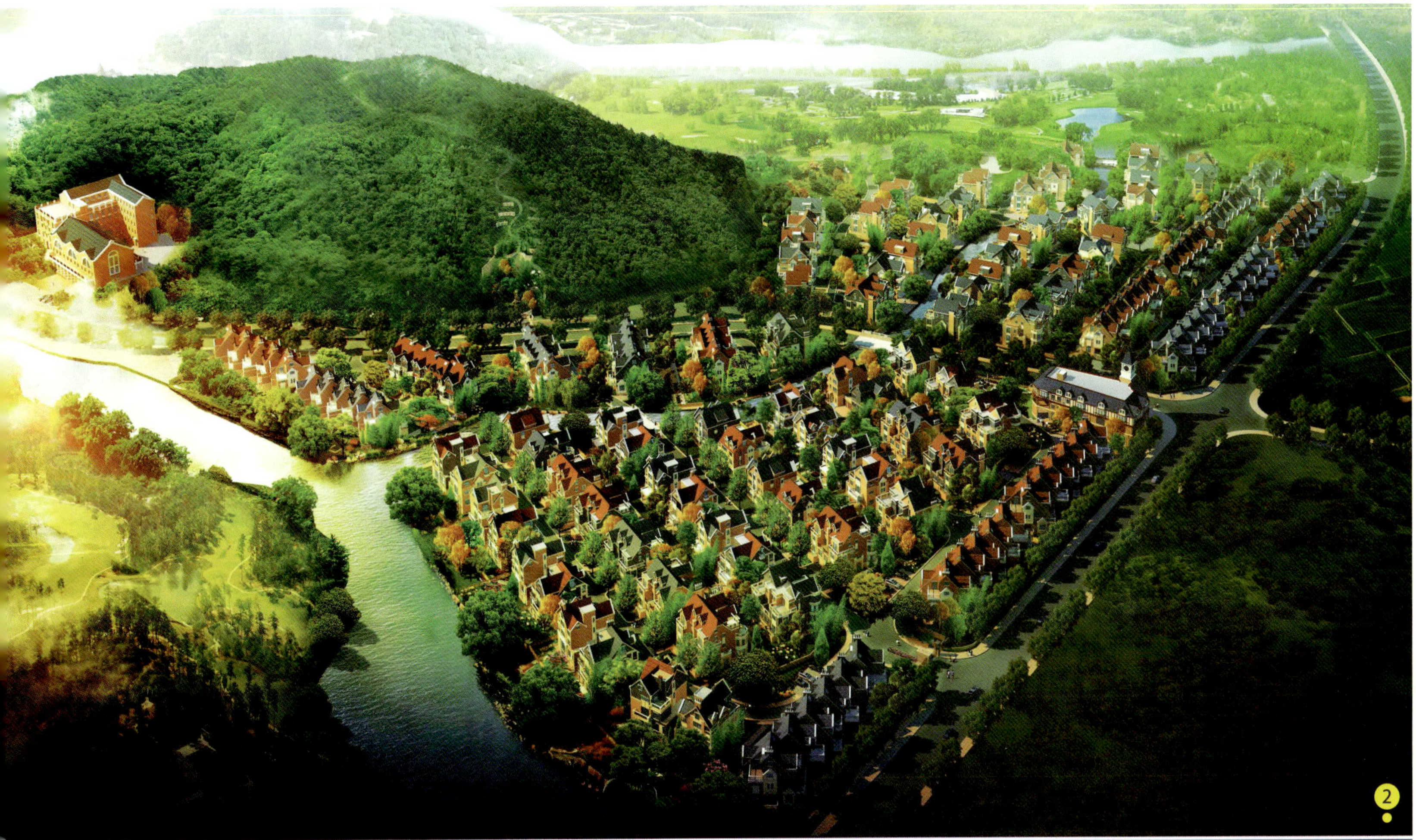

2

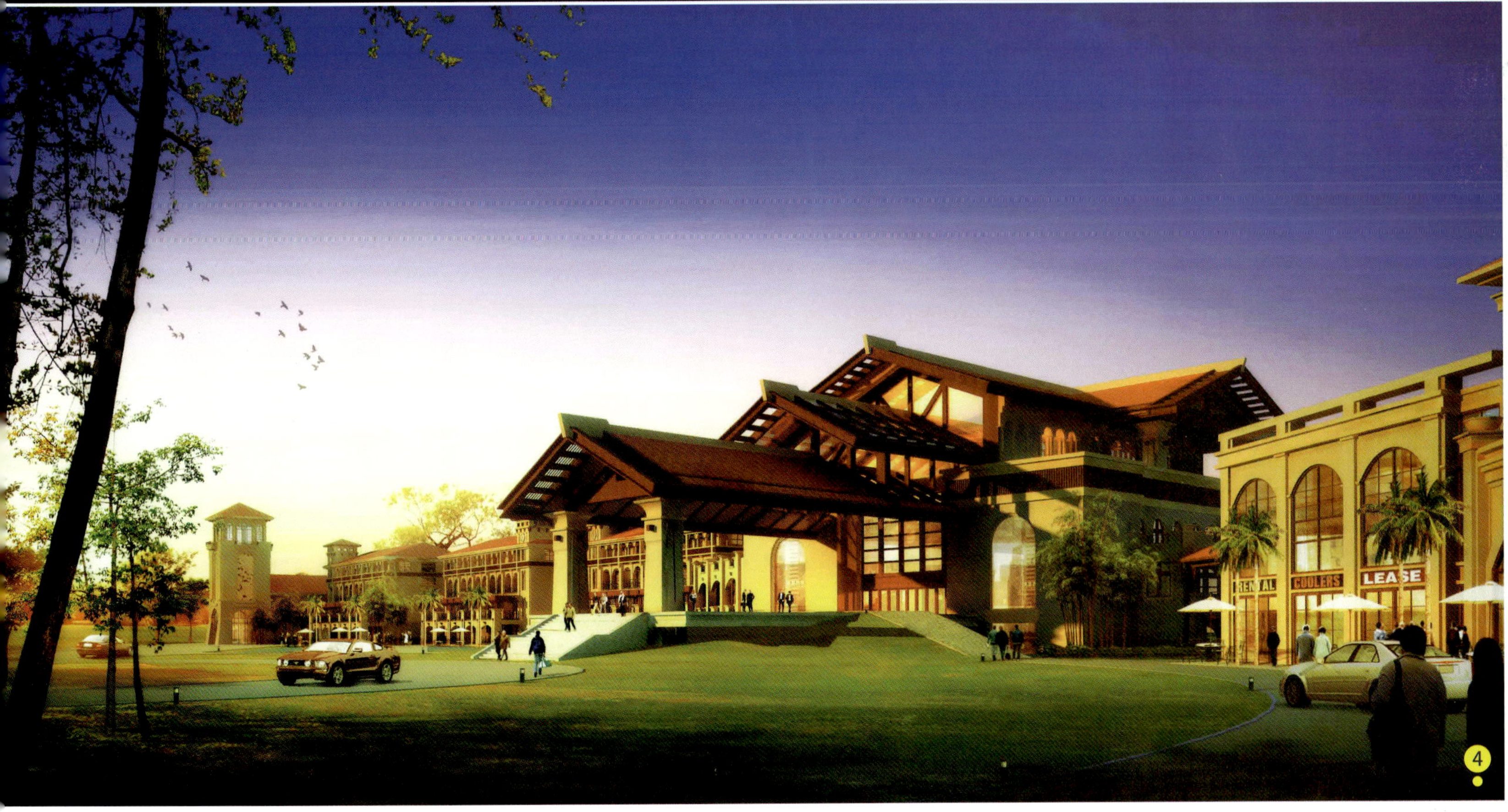

4

.3 项目名称：绍兴某项目
绘图单位：赵元

.4 项目名称：腾越翡翠城二期
绘图单位：昆明云筑天辰图文设计有限公司
设计单位：昆明中土设计咨询有限公司

1

1

2

1

.1 项目名称：大渔片区规划
绘图单位：昆明云筑天辰图文设计有限公司
设计单位：云南省城乡规划研究院

.2 项目名称：朱家庄A、C地块规划
绘图单位：铭世建筑创作室
设计单位：铭世建筑创作室

1

2

.1 项目名称：安宁规划
绘图单位：昆明云筑天辰图文设计有限公司
设计单位：云南省城乡规划研究院

.2 项目名称：某项目
绘图单位：南京寻憬建筑景观设计有限公司

.3 项目名称：黄冈东方名都
绘图单位：湖北中江建筑设计院星光建筑表现室
设计单位：湖北中江建筑设计院设计二所

3

.1 项目名称：成都三岔湖服务区项目
绘图单位：深圳市朗形数码影像传播有限公司
设计单位：龙光地产

.2 项目名称：安达圣岛-小平岛
绘图单位：深圳市朗形数码影像传播有限公司
设计单位：大连圣岛房地产开发有限公司

.3 项目名称：某项目
绘图单位：上海金衢数码科技有限公司

.4 项目名称：腾越翡翠城二期
绘图单位：昆明云筑天辰图文设计有限公司
设计单位：昆明中土设计咨询有限公司

项目名称：朱家角
绘图单位：上海域言建筑设计咨询有限公司
设计单位：上海众鑫建筑设计研究院

1

1

1

.1 项目名称：住宅规划
绘图单位：深圳市朗形数码影像传播有限公司
设计单位：香港华艺设计顾问（深圳）有限公司

.2 项目名称：青岛四方规划
绘图单位：深圳市朗形数码影像传播有限公司
设计单位：深圳埃克斯雅本建筑设计有限公司

2

2

.1 项目名称：江阴住宅规划
绘图单位：深圳市朗形数码影像传播有限公司

.2 项目名称：宁波华翔规划
绘图单位：上海艺筑图文设计有限公司
设计单位：上海泛太建筑设计有限公司

2
2

项目名称：松北住宅规划
绘图单位：黑龙江省三人行建筑设计有限公司

.1 项目名称：青岛蓝色海岸
绘图单位：深圳市朗形数码影像传播有限公司
设计单位：深圳大学建筑设计研究院

.2 项目名称：衢江区地块
绘图单位：上海域言建筑设计咨询有限公司
设计单位：上海吾得斯安建筑设计公司

2

2

项目名称：万家城
绘图单位：深圳市朗形数码影像传播有限公司
设计单位：长沙武夷置业

项目名称：某住宅规划
绘图单位：深圳市朗形数码影像传播有限公司
设计单位：香港华艺设计顾问（深圳）有限公司

项目名称：天津工程机械院地块概念规划
绘图单位：天津市风格轩图像设计工作室
设计单位：天津大学建筑设计研究院

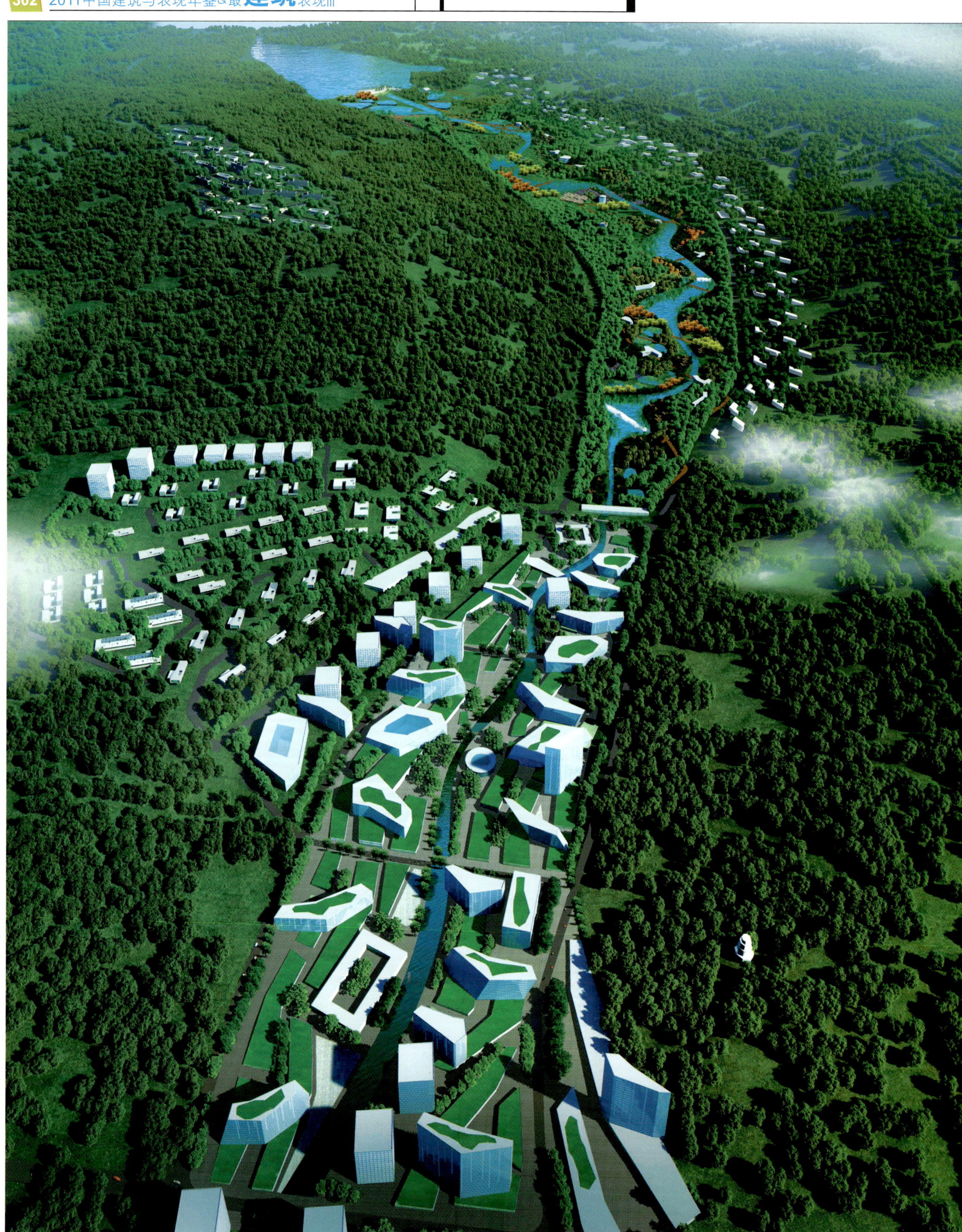

项目名称：绥分河别墅区开发
绘图单位：天津天唐筑景建筑设计咨询有限公司

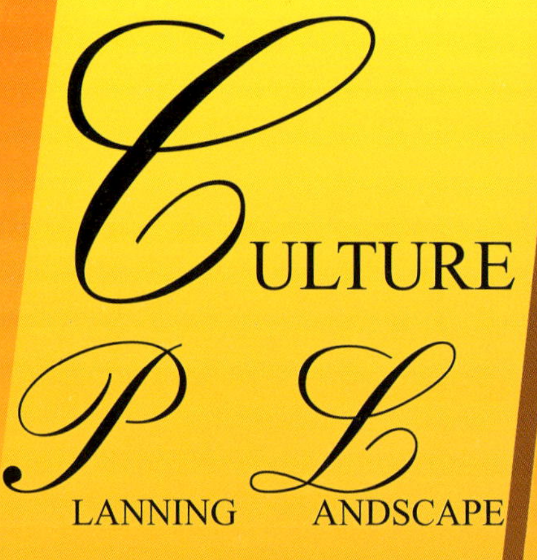

景观规划

Landscape Planning

项目名称：长白山规划
绘图单位：大千视觉（北京）数码科技有限公司
设计单位：构易建筑设计有限公司

.1 项目名称：青洋湖规划
绘图单位：长沙市东韵环境设计咨询有限公司
设计单位：湖南省建筑设计院三所

.2 项目名称：葡萄庄园
绘图单位：北京左岸数字艺术有限公司
设计单位：北京八仙过海咨询有限公司

2

1

1

1 项目名称：青岛高尔夫
绘图单位：成都亿点数码艺术设计有限公司
设计单位：宇汇思规划建筑设计顾问（成都）有限公司

2 项目名称：莱茵海岸
绘图单位：大连景熙建筑绘画设计有限公司
设计单位：中国建筑东北设计研究院 赵海波

3 项目名称：小平岛景观规划
绘图单位：大连景熙建筑绘画设计有限公司
设计单位：华东建筑设计研究院大连分院 刘巧筠

2

3

1 项目名称：某规划
绘图单位：无锡市艺派图文设计工作室

2 项目名称：遂宁景观带北区
绘图单位：大千视觉（北京）数码科技有限公
设计单位：清之筑

3 项目名称：青岛海岸线
绘图单位：大千视觉（北京）数码科技有限公
设计单位：数位港湾科技有限公司

4 项目名称：坪山规划
绘图单位：大千视觉（北京）数码科技有限公
设计单位：清之筑

5 项目名称：遂宁景观带南区
绘图单位：大千视觉（北京）数码科技有限公
设计单位：清之筑

1

2

.1 项目名称：某项目
绘图单位：南京寻惯建筑景观设计有限公司

.2 项目名称：太阳城规划
绘图单位：上海千暮数码科技有限公司
设计单位：上海都瀚建筑规划设计有限公司

.3 项目名称：长白山仙人桥温泉城规划
绘图单位：大千视觉（北京）数码科技有限公司
设计单位：达沃斯巅峰旅游规划院

3

3

1

1

2

3

.1 项目名称：福海片区规划
绘图单位：昆明云筑天辰图文设计有限公司
设计单位：云南省设计院

.2 项目名称：鸳鸯湖
绘图单位：广州金龙图文设计有限公司

.3 项目名称：某项目
绘图单位：哈尔滨华美荣景科技开发有限公司

1

2

1 项目名称：某公园景观
绘图单位：昆明云筑天辰图文设计有限公司
设计单位：云南省城乡规划研究院

2 项目名称：广电大景观
绘图单位：昆明云筑天辰图文设计有限公司
设计单位：云南省城乡规划研究院

3 项目名称：云烟厂区景观
绘图单位：昆明云筑天辰图文设计有限公司
设计单位：云南省设计院

1

1

1 项目名称：某规划
绘图单位：芒果树图像设计有限公司
设计单位：宁波市规划设计研究院

1

2

.2 项目名称：鳄鱼主题公园项目
绘图单位：上海三藏环境艺术设计有限公司
设计单位：万景设计

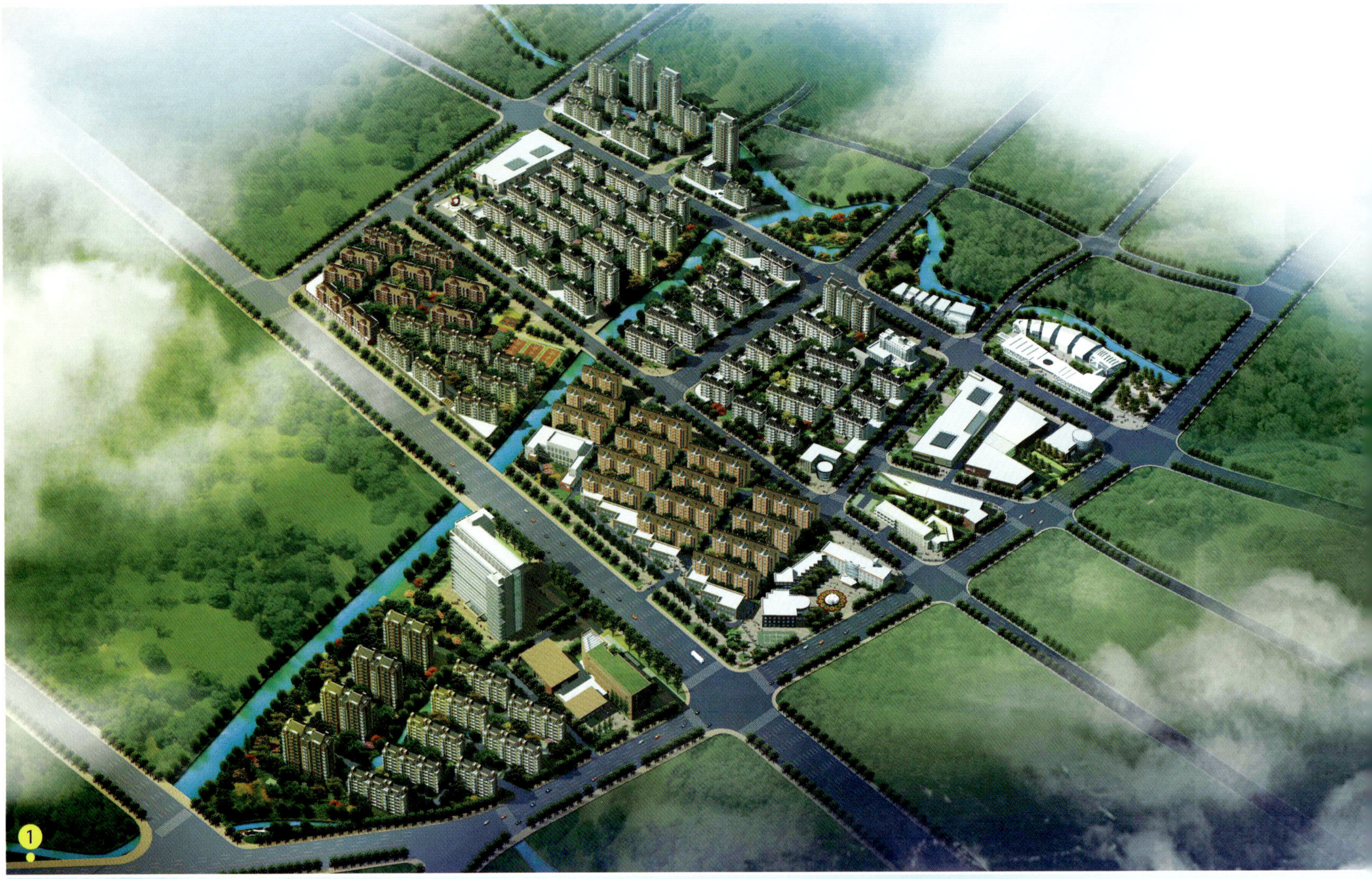

1

2

.1 项目名称：某规划
绘图单位：芒果树图像设计有限公司
设计单位：宁波市规划设计研究院

.2 项目名称：某规划
绘图单位：芒果树图像设计有限公司
设计单位：宁波大学设计研究院

.3 项目名称：某项目
绘图单位：周盛竹

2

3

项目名称：某项目
绘图单位：南京寻憬建筑景观设计有限公司

项目名称：南京汤泉农场
绘图单位：上海三藏环境艺术设计有限公司
设计单位：联创国际

项目名称：南京汤泉农场
绘图单位：上海三藏环境艺术设计有限公司
设计单位：联创国际

项目名称：旅顺港项目
绘图单位：上海三藏环境艺术设计有限公司
设计单位：联熙建筑设计

1 项目名称：旅顺港项目
绘图单位：上海三藏环境艺术设计有限公司
设计单位：联熙建筑设计

2 项目名称：小白山
绘图单位：上海三藏环境艺术设计有限公司
设计单位：锐点设计

1

2

1
2

.1 项目名称：某规划
绘图单位：上海思坦德建筑装饰工程有限公司

.2 项目名称：海星村渔港规划
绘图单位：上海思坦德建筑装饰工程有限公司

3 项目名称：青岛高新区咸水湖景观工程
绘图单位：天津水木境天数字图像设计事务所有限公司
设计单位：伟信（天津）工程咨询有限公司

1 项目名称：某项目
绘图单位：苏州三千世纪

1

1

2

.2 项目名称：鉴湖－柯岩旅游度假区景观规划
绘图单位：杭州丰耘建筑景观设计有限公司
设计单位：中国美术学院风景建筑设计研究院

1

1

.1 项目名称：昆山景观规划
绘图单位：苏州三千世纪

.2 项目名称：渝南大道景观
绘图单位：重庆海侨文化传媒有限公司

.3 项目名称：合景地块规划
绘图单位：苏州三千世纪

2

3

1

1

.1 项目名称：某规划
绘图单位：无锡市艺派图文设计工作室

2
3

.2 项目名称：临沂规化
绘图单位：大千视觉（北京）数码科技有限公司
设计单位：清城华筑建筑设计研究院

.3 项目名称：长兴岛
绘图单位：大千视觉（北京）数码科技有限公司
设计单位：中科院建筑设计研究院

项目名称：某规划
绘图单位：无锡市艺派图文设计工作室

CULTURE

PLANNING LANDSCAPE

景观设计

Landscape Design

项目名称：苏州太仓太古城城市综合体景观设计
绘图单位：上海鸿冰数码科技有限公司
设计单位：上海爱境景观设计事务所

1

1

.1 项目名称：苏州太仓太古城城市综合体景观设计
绘图单位：上海鸿冰数码科技有限公司
设计单位：上海爱境景观设计事务所

.2 项目名称：广州番禺汉溪大道景观设计
绘图单位：杭州丰耘建筑景观设计有限公司
设计单位：中国联合工程公司

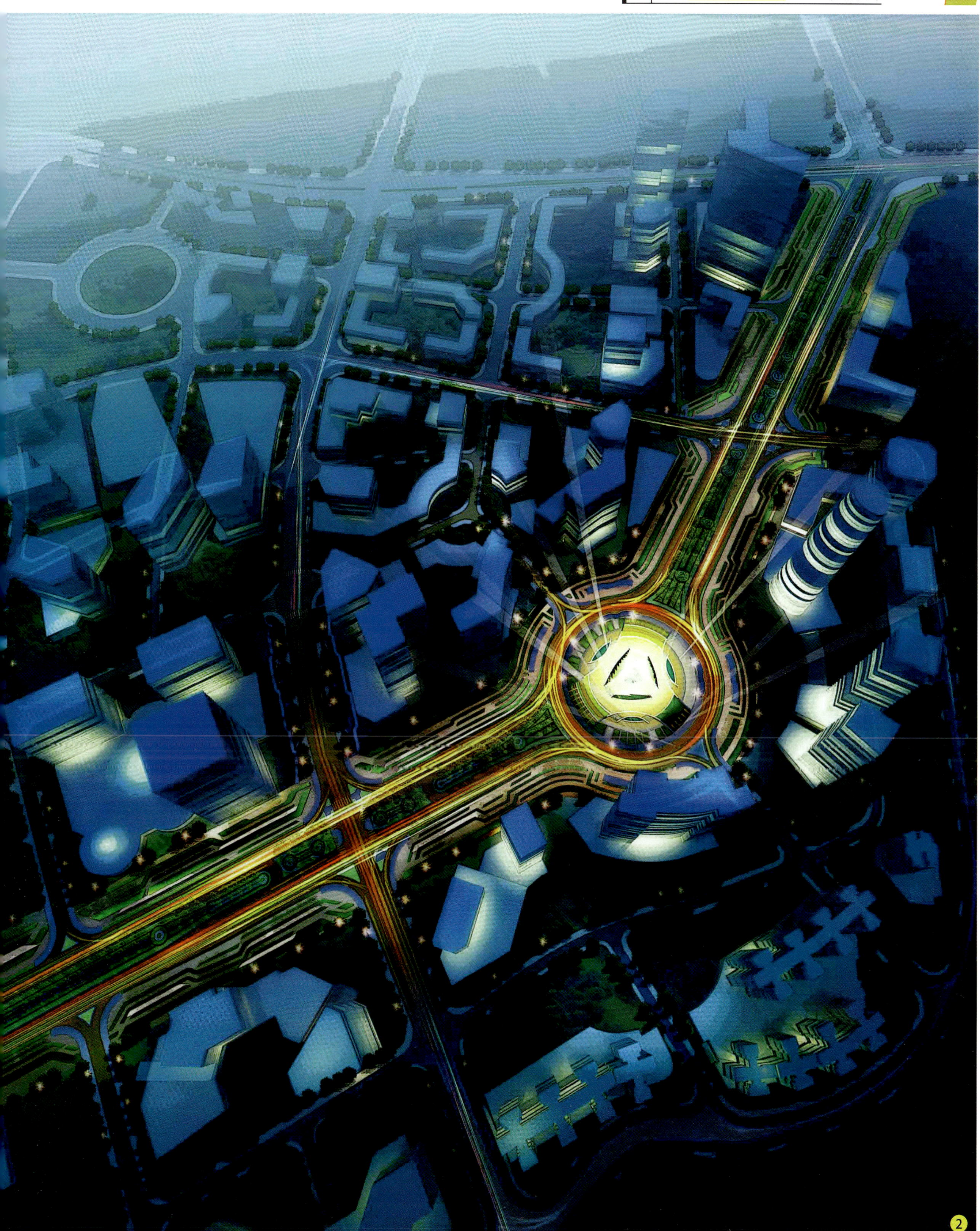

2

1

.1 项目名称：秦皇岛时代海岸
绘图单位：天津市风格轩图像设计工作室
设计单位：北京正东国际

.2 项目名称：泰安奥特莱
绘图单位：上海三藏环境艺术设计有限公司
设计单位：联创国际

1

1

.1 项目名称：南京仙林项目
绘图单位：上海三藏环境艺术设计有限公司
设计单位：一砼设计

.2 项目名称：某公园
绘图单位：天津水木境天数字图像设计事务所有限公司
设计单位：伟信（天津）工程咨询有限公司

项目名称：某项目
绘图单位：天津市风格轩图像设计工作室
设计单位：闫力建筑工作室

SHOP